Linguistische
Arbeiten 303

Herausgegeben von Hans Altmann, Peter Blumenthal, Herbert E. Brekle,
Gerhard Helbig, Hans Jürgen Heringer, Heinz Vater und Richard Wiese

Achim Stein

Nominalgruppen in Patentschriften

Komposita und prädikative Nominalisierungen im deutsch-französischen Vergleich

Max Niemeyer Verlag
Tübingen 1993

Meinen Eltern

Die Deutsche Bibliothek – CIP-Einheitsaufnahme

Stein, Achim : Nominalgruppen in Patentschriften : Komposita und prädikative Nominalisierungen im deutsch-französischen Vergleich / Achim Stein. – Tübingen : Niemeyer, 1993
(Linguistische Arbeiten ; 303)
NE: GT

ISBN 3-484-30303-4 ISSN 0344-6727

(D 93)

Printed in Germany.
Druck: Weihert-Druck GmbH, Darmstadt
Einband: Hugo Nädele, Nehren

Inhalt

Vorwort ... vii

Abkürzungen ... ix

1. Einleitung ... 1
   1.1. Zusammenfassung ... 1
   1.2. Das Korpus und die Problematik sprachvergleichender Korpusarbeit ... 2

2. Patentschriften ... 5
   2.1. Der administrative Weg der Patentierung ... 5
   2.2. Die Übersetzung von Patentschriften ... 6
   2.3. Textbeispiel: DE 3130938 und FR 8213713 (P02) ... 8
   2.4. Die Teiltexte der Patentschrift ... 17
      2.4.1. Die Beschreibung ... 18
      2.4.2. Der Patentanspruch ... 19
      2.4.3. Die Zusammenfassung ... 20
   2.5. Patentschriften als Textsorte? ... 21

3. Nominale Komposita ... 23
   3.1. Ziele und Methoden ... 23
   3.2. Nominale Komposita im Korpus ... 26
      3.2.1. Klassifizierung der Formen ... 29
      3.2.1.1. Methode und Probleme ... 29
      3.2.1.2. Tabellen: Kompositumtypen und ihre Übersetzung ... 32
      3.2.2. Gegenprobe: Der Typ f25 in F→D ... 35
      3.2.3. Zur Relevanz der Übersetzungsrichtung ... 37
   3.3. Prädikative Nominalkomposita im Übersetzungsvergleich ... 39
      3.3.1. Komposita mit Verbstamm ... 42
      3.3.1.1. Methode der Beschreibung ... 42
      3.3.1.2. Tabellen: syntaktische Realisierung von Subjekt und Objekt ... 44
      3.3.1.3. Diskussion der Beispiele ... 46
      3.3.1.4. Die Bedeutung des Mitteilungswerts ... 51
      3.3.2. Komposita mit prädikativem Nomen an Nicht-Kopf-Position ... 55
      3.3.2.1. Tabellen: Syntaktische Realisierung von Subjekt und Objekt ... 57
      3.3.2.2. Diskussion der Beispiele ... 58
      3.3.3. Komposita mit prädikativem Nomen als Kopf ... 66
      3.3.3.1. Tabellen: Syntaktische Realisierung von Subjekt und Objekt ... 67
      3.3.3.2. Diskussion der Beispiele ... 68
   3.4. Zusammenfassung ... 76

4. Nominale und verbonominale Prädikate 79
4.1. Nominale Prädikate 79
4.1.1. Arbeiten zur Syntax der französischen Nominalphrase 80
4.1.2. Französische und deutsche Nominalphrasen 84
4.1.2.1. Spezifikator 84
4.1.2.2. Genitivisches Komplement 88
4.1.2.3. Präpositionales Komplement 91
4.1.3. Ein Modell für deutsche und französische Nominalphrasen 93
4.2. Verbonominale Prädikate 98
4.2.1. Definition und Klassifizierung 98
4.2.2. Der Ansatz des L.A.D.L. 103
4.2.3. Das Kriterium der Satzwertigkeit 106
4.2.4. Verbonominale Konstruktionen und die Integrierung von Prädikaten 108
4.3. Zusammenfassung 117

5. Prädikate im Text 119
5.1. Klassifizierung der Prädikate und Definition 119
5.1.1. Nominale Prädikate 119
5.1.2. Verbonominale Prädikate 121
5.1.3. Verbale Prädikate 121
5.2. Die Ergebnisse der Auszählungen 124
5.2.1. Textbezogene Auszählungen 124
5.2.2. Satzbezogene Auszählungen 128
5.2.2.1. Veränderungen innerhalb des nominalen Bereichs 130
5.2.2.2. Veränderungen zwischen nominalem und nichtnominalem Bereich 132
5.2.2.2.1. Deutsch nominal, Französisch verbal 132
5.2.2.2.2. Deutsch verbal, Französisch nominal 134
5.2.2.3. Veränderungen innerhalb des nicht-nominalen Bereichs 136
5.2.2.4. Hinzufügung und Wegfall von Prädikaten 140
5.3. Nominale Prädikation und außersprachliche Relationen 142
5.3.1. Statik und Dynamik 143
5.3.2. Diskussion ausgewählter Patentschriften 147
5.3.2.1. Trennung von Aufbau und Funktion (1): Patent Nr. 5 148
5.3.2.2. Trennung von Aufbau und Funktion (2): Patent Nr. 22 151
5.3.2.3. Verfahren: Patent Nr. 6 153
5.3.2.4. Kombination von Aufbau und Funktion: Patent Nr. 13 154
5.3.2.5. Reine Aufbaubeschreibung: Patent Nr. 1 155
5.4. Zusammenfassung 157

6. Ausblick 159

7. Anhang: Publikationsnummern und Titel der Patentschriften 161

8. Literatur 163

Vorwort

Die Arbeit ist am Institut für Linguistik/Romanistik der Universität Stuttgart entstanden. Herrn Prof. Dr. Peter Blumenthal gilt mein besonderer Dank für die Hinführung zum Thema und die Anregungen während der Ausarbeitung, Herrn Prof. Dr. Hubert Haider für weitere Hinweise insbesondere in syntaxtheoretischen Fragen. Herrn Dr. Rüdiger Stephan von der Bosch-Stiftung danke ich für die Herstellung des Kontakts zur Robert Bosch GmbH, Herrn Klaus Voss und Herrn Heinz Mezger von der Robert Bosch GmbH für ihre Hilfe bei der Beschaffung eines Teils der untersuchten Patentschriften.

Abkürzungen

A	=	Adjektiv
ADV	=	Adverb
AP	=	Adjektivphrase
BPatG	=	Bundespatentgericht
D	=	Determiner
$D\rightarrow$	=	deutscher Originaltext
$\rightarrow D$	=	deutsche Übersetzung
DO	=	direktes Objekt
DP	=	Determinerphrase
EPA	=	Europäisches Patentamt
EPÜ	=	Europäisches Patentübereinkommen
$F\rightarrow$	=	französischer Originaltext
$\rightarrow F$	=	französische Übersetzung
IO	=	indirektes Objekt
MOD	=	Modifikator
N	=	Nomen
NK	=	Nominalkompositum
NOM	=	nominales Prädikat
NP	=	Nominalphrase
OBJ	=	Objekt
PatAnmV	=	Patentanmeldeverordnung
PatG	=	Patentgesetz
PNOM	=	präpositional regiertes nominales Prädikat
PP	=	Präpositionalphrase
pr	=	(in Komposita-Tabellen) Präpositionen außer *de* und *à*
SpecX	=	Spezifikator von X
StrÜbk	=	Straßburger Übereinkommen
SUB	=	Subjekt
V	=	Verb
VA	=	adjektivisches Prädikat
VF	=	finites verbales Prädikat
VI	=	infinitivisches verbales Prädikat
VP	=	in Kap. 4: Verbphrase; in Kap. 5: partizipiales verbales Prädikat
X^{max}	=	maximale Projektion von X
$^{*}\rightarrow$	=	Umformung semantisch nicht äquivalent

1. Einleitung

1.1. Zusammenfassung

Die Arbeit verbindet die beiden Forschungsgebiete Fachsprachenforschung und kontrastive Linguistik. Im Korpus werden deutsche und französische Nominalsyntagmen, insbesondere nominale Komposita und prädikative Nominalisierungen untersucht.

Den größeren Zusammenhang zwischen den einzelnen Kapiteln stellen die beiden Begriffe "Prädikativität" und "Kondensation" her. Prädikative Strukturen haben die Funktion der Prädikation und sind Voraussetzung für den Ausdruck von Aussagen. In Kapitel 3 werden insbesondere die Komposita mit prädikativem Element berücksichtigt, in Kapitel 4 geht es um nominale Prädikation und in Kapitel 5 um das Verhältnis von nominaler und verbaler Prädikation im Text. Kondensation ist die syntaktische Verdichtung von Aussagen. Sowohl Nominalkomposita als auch prädikative Nominalisierungen sind Beispiele für Kondensation.

Da sich Deutsch und Französisch hinsichtlich ihrer Kompositionsmöglichkeiten deutlich unterscheiden, dominiert bei den nominalen Komposita (Kapitel 3) der kontrastive Ansatz (Übersetzungsvergleich und sprachinterner Vergleich). Es wird gezeigt, wie Nominalkomposita bei der Übersetzung ins Deutsche gebildet bzw. bei der Übersetzung ins Französische aufgelöst werden und in welchen Positionen der deutschen Nominalphrase die Argumente des prädikativen Kompositumglieds realisiert sind. Dabei kristallisieren sich bestimmte deutsche Kompositionstypen heraus, bei denen die Übersetzung überdurchschnittlich häufig zu mißverständlichen oder zweideutigen Konstruktionen führt.

Kapitel 4 ist ein Beitrag zur Grammatiktheorie. Es gibt einen Überblick über verschiedene Ansätze der syntaktischen Beschreibung deutscher und französischer Nominalphrasen und behandelt sowohl prädikative Nominalisierungen als auch verbonominale Fügungen. Zentrales Thema ist die syntaktische Realisierung der Argumentstruktur prädikativer Nominalisierungen beider Sprachen. Sie soll auch als übereinzelsprachlich anwendbares Kriterium zur Klassifizierung verbonominaler Fügungen (Funktionsverbgefüge, Stützverbkonstruktionen u.a.) dienen. Die Ergebnisse dieses Theorieteils dienen als Kriterium für die Definition der Prädikattypen in Kapitel 5.

In Kapitel 5 wird auf statistischer Basis untersucht, welche Ursachen die Wahl eines bestimmten Prädikattyps bedingen. Dabei werden sowohl sprachliche als auch außersprachliche Faktoren berücksichtigt. Sprachliche Faktoren betreffen die Norm und das System der Einzelsprache, außersprachliche Faktoren sind die Typen von Relationen, die zwischen Dingen und Sachverhalten hergestellt und im Text ausgedrückt werden.

1.2. Das Korpus und die Problematik sprachvergleichender Korpusarbeit

Das Korpus besteht aus 23 Patentschriften in jeweils deutscher und französischer Fassung. Die Länge der einzelnen Patentschriften ist unterschiedlich. Insgesamt hat der deutsche Text einen Umfang von ca. 59.500 Wörtern und der französische Text einen Umfang von ca. 75.700 Wörtern.[1]

Die Patentschriften beschreiben Erfindungen aus den Bereichen der Elektrotechnik, der Kraftfahrzeugtechnik und der Konstruktion von Skistiefeln und Skibindungen. Innerhalb dieser Bereiche können allerdings sehr unterschiedliche Fachgebiete betroffen sein. Im Zusammenhang mit Skistiefeln werden z.B. mechanische Vorrichtungen ebenso wie chemische Verfahren beschrieben. Die Texte zur Kraftfahrzeugtechnik beschreiben so verschiedene Gegenstände wie Pumpen, Bremssysteme, Einspritzanlagen und Batterien und berühren damit die Gebiete Mechanik, Elektronik, Elektrotechnik, Hydraulik und Chemie. Der einzige Oberbegriff, der alle diese Fächer abdeckt, ist "technische Fachsprache".

Das Korpus besteht aus Übersetzungsäquivalenten beider Übersetzungsrichtungen. Die Übersetzungsrichtung ergibt sich bei Patentschriften aus der "Priorität", das heißt aus dem Land der Erstanmeldung. Die Anmeldung in einem weiteren Land erfordert dann die Übersetzung in die jeweilige Landessprache (vgl. dazu Kapitel 2). Für die systematische Auswertung im Rahmen dieser Arbeit wurden zwölf Patentschriften mit deutscher Priorität (deutsches Original, französische Übersetzung, "D→F") und elf Patentschriften mit französischer Priorität (französisches Original, deutsche Übersetzung, "F→D") ausgewählt. Ein Teil dieser Patentschriften wurde von der Firma Bosch zur Verfügung gestellt, der andere Teil wurde beim Deutschen Patentamt in München recherchiert. Innerhalb dieser Arbeit sind die Texte von P01 bis P23 durchnumeriert. Im Anhang sind diesen internen Bezeichnungen die entsprechenden Dokumentnummern zugeordnet. Patentschriften sind öffentlich zugänglich und über die Dokumentnummern an Patentämtern und Patentauslegestellen einsehbar. Weitere Patentschriften und andere technische Beschreibungen wurden für Stichproben und periphere Untersuchungen herangezogen. Auf sie wird an den entsprechenden Stellen im Text verwiesen. Bei Zitaten aus dem Korpus ist die interne Textnummer und der Satz der Patentschrift angegeben (z.B. P15/38). Hervorhebungen in diesen Zitaten stammen grundsätzlich von mir. Bei zweisprachigen Zitaten steht das Original (der Quelltext) immer auf der linken Seite, die Übersetzung (der Zieltext) immer auf der rechten Seite.

Die beiden größten Probleme des empirischen Übersetzungsvergleichs sind Interferenzerscheinungen und Übersetzungsqualität:

---

1 Als Wörter zählen im Patentkorpus von Leerzeichen umgebene, nichtnumerische Zeichenketten. Zum Vergleich: IHLE-SCHMIDTS (1983:76) synchrone Untersuchung der französischen Wirtschaftssprache stützt sich auf ein Korpus von 26 Texten mit insgesamt 23.311 Wörtern. KAEHLBRANDT (1989:32) vergleicht in seiner diachronen Untersuchung zur französischen Wirtschaftssprache fünf Zeitschnitte zu je 60.000 Anschlägen. In Anschlägen gemessen ist das Patentkorpus etwa 310.000 (deutsch) und 420.000 (französisch) Anschläge lang.

Je schlechter die Übersetzungsqualität, desto ungeeigneter ist der Text für den Sprach- und Übersetzungsvergleich. Mit der Auswahl von Patentschriften als Korpus sollte dieses Problem weitestgehend ausgeschaltet werden, denn bei ihnen ist die Qualität der Übersetzung überdurchschnittlich gut, verglichen etwa mit Anleitungstexten oder populärwissenschaftlichen Übersetzungen. Diese hohe Qualität wird durch zwei Faktoren sichergestellt. Der erste Faktor ist das wirtschaftliche Interesse des Anmelders, denn die Patentschrift soll die Erfindung schützen. Es kommt also darauf an, so präzise zu übersetzen, daß im Ausland genau dieselbe Vorrichtung oder dasselbe Verfahren geschützt ist, das auch im Inland geschützt ist. Der zweite Faktor ist das in Kapitel 2 näher erläuterte Verfahren der Patentanmeldung, in dem ebenfalls der Gegenstand des Schutzes überprüft wird. Kommt es etwa durch ungenaue Übersetzung zu einer Erweiterung des Schutzumfangs, so können Entgegenhaltungen die Erteilung des Patents im Ausland verhindern.

Interferenzerscheinungen treten auf, wenn der Zieltext durch den Quelltext beeinflußt wird. Das bedeutet in dem für uns relevanten Bereich der Syntax, daß bei der Übersetzung Strukturen des Quelltextes übernommen werden können, die in der Zielsprache weniger geläufig sind. Da der Zieltext somit von einem in der Zielsprache verfaßten Text abweicht, ist er für die Zielsprache nicht repräsentativ. Mit der Auswahl von Texten beider Übersetzungsrichtungen wird dieses Interferenzproblem gleichzeitig umgangen und ausgenutzt:

- Umgangen werden Interferenzerscheinungen, indem für Aussagen über eine der beiden Sprachen die entsprechenden Originaltexte (Quelltexte) herangezogen werden. Wir markieren die Quelltexte mit D→ bzw. F→ und sprechen beim Vergleich dieser Texte von "Sprachvergleich". Vergleichen wir dagegen den Quelltext mit dem Zieltext (D→ mit →F oder F→ mit →D), dann sprechen wir von "Übersetzungsvergleich".
- Ausgenutzt werden Interferenzerscheinungen, weil das Korpus eine dritte Vergleichsmöglichkeit bietet: Innerhalb jeder Sprache kann ein Quelltext mit einem Zieltext verglichen werden, also D→ mit →D und F→ mit →F. Wir sprechen dann von "sprachinternem Vergleich". Durch ihn ist es möglich, zu bestimmen, in welchem Maße der Quelltext den Zieltext beeinflußt und wie stark eine Übersetzung von der Norm der Zielsprache abweicht. Ergebnisse des sprachinternen Vergleichs können als Übersetzungskritik und damit als Grundlage zur Verbesserung der Übersetzungstechnik dienen.

Die Abbildung auf S. 4 gibt einen Überblick über die drei Vergleichsmöglichkeiten, die in den empirischen Kapiteln je nach Thematik unterschiedlich betont werden. In zahlreichen vorliegenden Arbeiten und in den vergleichenden Stilistiken ist das Sprachenpaar Deutsch-Französisch in sprachvergleichender Hinsicht bereits unter vielen Gesichtspunkten beschrieben worden. Die empirischen Kapitel 3 und 5 werden aber zeigen, daß insbesondere der sprachinterne Vergleich Erkenntnisse erbringt, die aus Sprach- und Übersetzungsvergleich allein nicht gewonnen werden könnten.

Vergleichsmöglichkeiten im Patentschriften-Korpus:

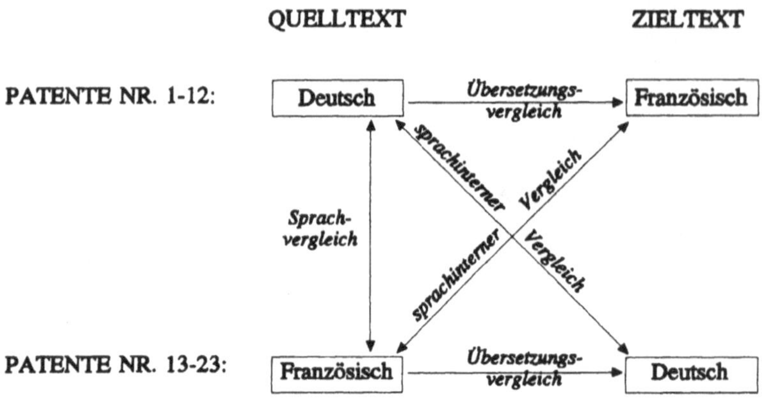

2. Patentschriften

Patente können für neue, technische Erfindungen erteilt werden, die sich deutlich vom vorhandenen Stand der Technik abheben und die gewerblich anwendbar sind. Nicht Ideen allein sind patentfähig, sondern nur Vorrichtungen, Verfahren, Stoffe oder deren Verwendung für einen neuen Zweck. Der Schutzbereich von Patenten ist "die Gesamtheit der technischen Lehren, deren gewerbliche Nutzung aus dem Patent untersagt werden kann"[1]. Die rechtlichen Funktionen des Patents sind Definition und Begrenzung dieses Schutzbereichs: Er soll einerseits so weit gefaßt sein, daß die Monopolstellung des Erfinders gesichert ist, andererseits so eng begrenzt, daß Verbesserungen der Erfindung den Schutzbereich nicht verletzen.

Neben der rechtlichen Funktion des Schutzes haben Patentschriften informative Funktion: Sie teilen die Erfindung eines Objekts oder Verfahrens mit und beschreiben - in für den Fachmann nachvollziehbarer Weise - den Weg ihres Zustandekommens.[2] Da etwa 90% der neuesten wissenschaftlich-technischen Erkenntnisse nicht in Fachzeitschriften oder anderen Medien, sondern nur in der Patentliteratur veröffentlicht werden, stellen Patentschriften die zuverlässigste Informationsquelle über den Wissensstand eines bestimmten Fach- oder Teilgebiets dar.

2.1. Der administrative Weg der Patentierung[3]

Die Patentanmeldung (*demande de brevet*[4]) muß den Antrag auf Erteilung des Patents, den oder die Patentansprüche, eine Beschreibung der Erfindung, die darauf bezogenen Zeichnungen und eine Zusammenfassung enthalten. Sie wird zunächst einer ersten Prüfung unterzogen, die sich auf die formale Vollständigkeit der eingereichten Dokumente und die inhaltliche Einheitlichkeit der Erfindung bezieht. Nach dieser Prüfung und der Behebung etwaiger Mängel wird das Dokument achtzehn Monate nach dem Prioritätsdatum als "Offenlegungsschrift" der Öffentlichkeit zugänglich gemacht. Hierdurch wird der Erfindung ein erster, vorläufiger Schutz gewährt.

---

1 CZEKAY (1986:1).

2 §35 Abs. 2 PatG.

3 Vgl. "Verfahren vor dem Patentamt" §35ff PatG, z.B. bei SCHULTE (1987[4]).

4 Die französische Terminologie stammt aus dem *Journal Officiel de la République française (JO)* N°1358-I (= BREVETS D'INVENTION 1987). Vgl. auch die Aufsätze "Application pratique de la nouvelle loi allemande sur les brevets" von LEWINSKY (1987:21ff) und "The Language of Patents" von LAWSON (1983:59).

Das Patentamt ermittelt auf Antrag die öffentlichen Schriften, die für die Beurteilung der Patentfähigkeit in Betracht zu ziehen sind (*requête en recherche*).[5] Zu diesen Schriften gehören sowohl ältere Patentliteratur als auch andere Fachliteratur. Es folgt die Prüfung der Patentfähigkeit der angemeldeten Erfindung nach §1-5 PatG (Prüfungsverfahren, *requête en examen*).[6] Nach erfolgreicher Prüfung wird das Patent erteilt und im Patentblatt veröffentlicht. Mit dieser Veröffentlichung treten die gesetzlichen Wirkungen des Patents ein.[7] Innerhalb von drei Monaten nach der Veröffentlichung kann gegen das Patent Einspruch erhoben werden (wegen Nicht-Patentfähigkeit nach §1-5 PatG, undeutlicher oder unvollständiger Offenbarung, widerrechtlicher Entnahme von Inhalten oder Überschreitens des Inhalts der ursprünglich eingereichten Fassung[8]).

Die Publikationsnummer des Patents besteht aus dem Landescode (z.B. DE, FR), der Publikationsnummer und dem von der WIPO[9] empfohlenen Schriftartencode, bestehend aus einem Buchstaben und einer Ziffer. Der Buchstabe bezeichnet die Art der Schutzschrift (z.B. A=Offenlegung, C=Patent, T=Übersetzung einer europäischen oder ausländischen Anmeldung); die Ziffer gibt die Zahl der Veröffentlichungen an. Die Regel ist die Offenlegung, gefolgt von der Veröffentlichung des Patents (z.B. DE 2646957 A1 gefolgt von DE 2646957 C2).

2.2. Die Übersetzung von Patentschriften

Die weitgehende Übereinstimmung der nationalen europäischen Patentgesetze beruht auf dem "Straßburger Übereinkommen zur Vereinheitlichung gewisser Begriffe des materiellen Rechts der Erfindungspatente" (StrÜbk).[10] Darüber hinaus erleichtert das 1973 unterzeichnete "Europäische Patentübereinkommen" (EPÜ) die gleichzeitige Anmeldung in mehreren, vom Anmelder benannten Mitgliedstaaten. Das Europäische Patentamt (EPA) in München erteilt seit 1978 europäische Patente in einem einheitlichen Verfahren. Die Patentansprüche müssen dabei in den drei Amtssprachen des EPA (Deutsch, Englisch, Französisch) abgefaßt sein, für die ausliegende Beschreibung genügt jedoch eine dieser Sprachen. Aus Kostengründen ist die Anmeldung als europäisches Patent erst lohnend, wenn das Patent in mindestens drei oder vier Vertragsstaaten geschützt werden soll; ansonsten werden mehrere nationale Anmeldungen ("Direktanmeldungen") vorgezogen, so daß auch heute noch für zahlreiche ausländische Patente Antrag

---

5 §43 PatG.

6 §44 PatG.

7 §57f PatG.

8 §21 PatG.

9 Weltorganisation für geistiges Eigentum (Genf).

10 Die zitierten deutschen und französischen Texte entsprechen Art. 8 Abs. 3 des StrÜbk.

auf Erteilung eines nationalen deutschen Patents gestellt wird. Dieser Fall ist vom EPÜ nicht betroffen, und es ist innerhalb von drei Monaten eine deutsche Übersetzung der gesamten fremdsprachlichen Unterlagen einzureichen.

Für die Anmeldung als nationales Patent im Ausland ist die Übersetzung also ohnehin unumgänglich. Interessanterweise müssen aber trotz der Dreisprachenregelung auch europäische Anmeldungen systematisch übersetzt werden. Die Gründe hierfür liegen einerseits in der Gesetzgebung, andererseits in der Zielsetzung der Patentschriften:

- Das EPÜ stellt es jedem Vertragsstaat frei, eine Übersetzung der europäischen Patentschrift in seine Amtssprache zu fordern, wenn die Patentschrift in einer anderen Sprache angemeldet wurde.[11] Von dieser Möglichkeit haben nur Deutschland, Luxemburg und Großbritannien keinen Gebrauch gemacht.[12] Ist also in einem auf deutsch eingereichten europäischen Patent Frankreich als Vertragsstaat genannt, muß eine Übersetzung ins Französische angefertigt werden. Die Leistung der Dreisprachenregelung beschränkt sich somit auf die - allerdings erhebliche - Vereinfachung des Anmeldeverfahrens.
- Das Patent soll die Erfindung nicht nur schützen, sondern auch ihre technische Lehre dem Durchschnittsfachmann zugänglich und nachvollziehbar machen (der Fachbegriff hierfür ist "Offenbarung"). Der Verzicht des deutschen Gesetzgebers auf die im EPÜ genannte Möglichkeit hat aber zur Folge, daß dem Durchschnittsfachmann nur die auf deutsch formulierten Patentansprüche verständlich sind, nicht aber die z.B. auf französisch verfaßte Beschreibung, die für die "Nachvollziehbarkeit" nötig ist. Nach Auskunft großer deutscher Betriebe ist daher die Übersetzung von Patentschriften eine wichtige Aufgabe der Übersetzungsabteilungen, die für die Sicherung des Kenntnisstands der technischen Abteilungen unabdingbar ist.

Abgesehen von dieser Belastung im praktischen Bereich sehen Patentanwälte[13] hier auch eine rechtliche Problematik, die

> die peinliche Folge haben [könnte], daß die bisherige Annahme, daß fremdsprachige nationale Patente aus europäischen Patentanmeldungen eine materiell-rechtliche Bedeutung besitzen, die dem nationalen deutschen Patent gleichzusetzen ist, einer verfassungsrechtlichen Nachprüfung nicht standhält und damit diese nationalen Teile fremdsprachiger europäischer Patente womöglich ex tunc als nichtig anzusehen sind [...]

Zusammenfassend gilt also, daß die Übersetzung von Patentschriften nach wie vor nötig ist, und zwar einerseits die Übersetzung ins Deutsche von europäischen Patenten, die in englischer oder französischer Sprache vorliegen, und andererseits die Übersetzung aus

---

11 Art. 65 Abs. 1 EPÜ.

12 Allerdings fordert auch Großbritannien inzwischen die Vollübersetzung des europäischen Patents, vgl. RAIBLE (1987:225).

13 KERN (1983:187).

dem Deutschen bei der Überleitung in die nationale Phase des betreffenden europäischen Landes.

Die genannten Unterschiede im administrativen Verfahren zwischen Direktanmeldung im Ausland und europäischer Anmeldung wirken sich auch auf die Übersetzungen aus. Bei der Direktanmeldung findet im Ausland ein eigenes Prüfungsverfahren statt, in dessen Verlauf die Übersetzung der Patentschrift korrigiert und verbessert werden kann. Dagegen muß die Übersetzung der Ansprüche eines in einer anderen Sprache erteilten Europapatents von Anfang an völlig einwandfrei sein, da hier eine nachträgliche Änderung nicht möglich ist. Daher scheidet nach Meinung von Patentanwälten eine Übersetzung durch Dritte, z.B. Berufsübersetzer, "regelmäßig wegen der Qualitätsfrage aus"[14]. Auch bei der Neuanmeldung deutscher Patentschriften wird empfohlen, bereits durch die Formulierung Fehlern einer eventuellen späteren Übersetzung vorzubeugen. Solche Fehler entstehen typischerweise - abgesehen von Formeln und Maßangaben, die linguistisch nicht relevant sind - im Hauptanspruch wegen seiner höchst abstrakten Sprache und in der Beschreibung, wenn sie vom Übersetzer aus Zeitmangel oder wegen fehlender Fachkenntnis nicht verstanden wird.

2.3. Textbeispiel: DE 3130938 und FR 8213713 (P02)

Die wesentlichen Elemente der Textsorte Patentschrift sind in der Regelung des deutschen Patentgesetzes (PatG) zum Schutzumfang genannt:

> Der Schutzbereich des Patents und der Patentanmeldung wird durch den Inhalt der Patentansprüche bestimmt. Die Beschreibung und die Zeichnungen sind jedoch zur Auslegung der Patentansprüche heranzuziehen.[15]

Patentschriften bestehen also aus einem oder mehreren Ansprüchen, der Beschreibung und Zeichnungen. Weitere Einzelheiten sind in der Patentanmeldeverordnung (PatAnmV) festgelegt,[16] die ausführlicher auf die einzelnen Textteile Bezug nimmt. Genauere Auskünfte zur Formulierung geben außerdem vom Deutschen Patentamt herausgegebene Merkblätter.[17]

Zunächst ist zur Einführung in die Textsorte "Patentschrift" im folgenden eine der kürzeren deutschen Patentschriften mit ihrer französischen Übersetzung vollständig

---

14 RAIBLE (1987:231).

15 §14 PatG und entsprechend das französische Patentgesetz (Gesetz 68-1 in der Fassung vom 13.7.1978) Art. 28 Abs. 1: "L'étendue de la protection conférée par le brevet est déterminée par la teneur des revendications. Toutefois la description et les dessins servent à interpréter les revendications."

16 PatAnmV vom 29. Mai 1981, zuletzt geändert durch die Verordnung vom 4. Mai 1990.

17 *Merkblatt für Patentanmelder*, Ausgabe 1990, bes. S. 11f.

wiedergegeben. Innerhalb dieses Beispiels werden die einzelnen Bestandteile der Patentschrift kurz erläutert. Diese Erläuterungen beschränken sich auf die Funktion dieser Bestandteile und gehen ihnen jeweils voraus. Zur Erleichterung der Bezugnahme auf bestimmte Textstellen wurde außerdem eine Unterteilung in numerierte Abschnitte vorgenommen. Im Anschluß an das Textbeispiel folgen detailliertere Informationen zu den sprachlichen Merkmalen der Bestandteile.

Zeichnung zu P02:

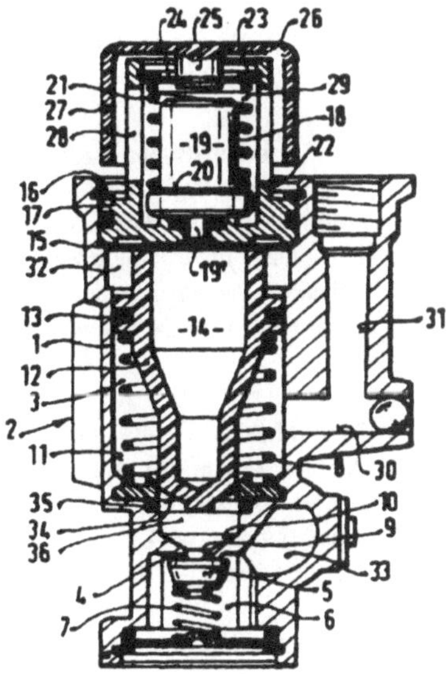

Für die Beschreibung der Erfindung als Auslegung der Patentansprüche sind bestimmte Informationen obligatorisch, die ihre Gliederung weitgehend festlegen.[18] Sie muß die Erfindung in den gegenwärtigen Forschungsstand einordnen, ihre Notwendigkeit begründen und den Erfindungsgegenstand genau erläutern. Dafür sind folgende Angaben erforderlich:[19]

- Die technische Bezeichnung *(titre de l'invention)* und das technische Gebiet *(domaine technique)* der Erfindung in Analogie zum Oberbegriff des Hauptanspruchs.

- Angaben zum Stand der Technik *(technique antérieure)* sowie bereits vorhandener Literatur (P02/2-5). Innerhalb des Beschreibungstextes sind Verweise auf die Ansprüche zugelassen (z.B. auf den Oberbegriff des Anspruchstextes, den der französische Text hier wörtlich zitiert, P02/1).[20]

- Die Nachteile des gegenwärtigen Stands der Technik (P02/6-7).

DE 3130938	FR 8213713
Vorrichtung zum Einbringen eines Gefrierschutzmittels	Appareil pour introduire un antigel dans un système à air comprimé

18 §35 PatG und §6 PatAnmV. Vgl. auch für deutsche Patentschriften LEWINSKY (1987:30) und für europäische Patentschriften NÖTH (1976:13f).

19 Fakultativ kann der Beschreibung eine Einleitung mit einer Art Vorkritik des Stands der Technik vorangehen. Das Korpus enthält keine solche Beschreibung. Für Beispiele vgl. SCHAMLU (1985:134ff).

20 Die Frage, ob die Beschreibung Teile der Ansprüche wörtlich zitieren oder nur auf sie verweisen soll, ist ein unter Patentanwälten viel diskutiertes Problem, vgl. dazu WERNER (1977), WOLFF (1977, 1980).

P02/1

Stand der Technik

Die Erfindung geht aus von einer Vorrichtung nach der Gattung des Hauptanspruchs.

L'invention part d'un appareil pour introduire un antigel dans un système à air comprimé, comprenant une pompe dont le piston est exposé à une pression de système variable dans le sens de la course de refoulement, ainsi qu'un dispositif de mise hors service du piston.

P02/2

Eine derartige Vorrichtung ist bekannt (DE-OS 2656759).

Un tel appareil est connu par la demande de brevet allemand DE-OS 2656759.

P02/3

Bei dieser bekannten Bauart ist eine von Hand betätigbare Abschalteinrichtung vorgesehen, mit welcher der Hub des Pumpenkolbens unterbunden werden kann, indem ein Anschlag in den Weg des Pumpenkolbens eingefahren wird.

Cet appareil connu comporte un dispositif de mise hors service qui est manoeuvrable à la main et par lequel le piston de la pompe peut être empêché d'effectuer son mouvement de va-et-vient par l'introduction d'une butée sur le parcours du piston.

P02/4

Eine solche Abschaltung der Pumpe ist im Sommer angebracht, weil in dieser Jahreszeit im Druckluftsystem kein Gefrierschutzmittel benötigt wird.

Une telle mise hors service de la pompe est recommandée en été parce qu'il n'est pas nécessaire à cette époque de l'année d'introduire de l'antigel dans le système à air comprimé.

P02/5

Im Winter dagegen wird die Abschalteinrichtung zurückgeschaltet, damit die Pumpe arbeiten kann und Gefrierschutzmittel in das Druckluftsystem eingebracht wird.

Le dispositif de mise hors service doit par contre être rendu inopérant en hiver pour que la pompe puisse travailler et introduire de l'antigel dans le système.

P02/6

Eine solche mechanische Umschaltung hat aber den Nachteil, daß sie vergessen werden kann und daß es dem Fahrer überlassen bleibt, die Wetterlage richtig einzuschätzen.

Une telle commutation mécanique a l'inconvénient qu'elle risque d'être oubliée et que le conducteur - s'il s'agit d'un système à air comprimé - est chargé d'apprécier correctement les conditions climatiques et de faire fonctionner ou non la pompe antigel.

P02/7

Fehleinschätzungen können zur Beschädigung des Druckluftsystems oder zu dessen Ausfall führen.

Des erreurs d'appréciation peuvent entraîner l'endommagement ou la panne du système à air comprimé.

- Die Darstellung der Erfindung *(exposé de l'invention)*. In Analogie zum kennzeichnenden Teil des Hauptanspruchs sind hier die Vorteile der Erfindung aufgeführt, die zur Lösung des Problems, d.h. zur Beseitigung der genannten Nachteile vorgeschlagen werden. Fakultativ ist hier ein überleitender, die Aufgabe zusammenfassender Satz, wie er im französischen Text vorliegt (*L'invention vise notamment à...*, P02/8). Eine typische deutsche Formulierung wäre *Der Erfindung liegt nun die Aufgabe zugrunde....* Die Opposition zwischen Nach- und Vorteilen wird durch Adverbien *(daher, demgegenüber, notamment)*, Konjunktionen *(or)* oder Partikeln *(nun)* markiert:

P02/8

Vorteile der Erfindung

Die erfindungsgemäße Vorrichtung mit den kennzeichnenden Merkmalen des Hauptanspruchs hat demgegenüber die Vorteile, daß der Fahrer nicht mehr auf die Temperatur zu achten braucht.

L'invention vise notamment à éviter cet inconvénient. Selon une caractéristique essentielle de l'invention, le dispositif de mise hors service est formé par un thermostat.

Le principal avantage de cette solution est que le conducteur n'a plus besoin de faire attention à la température extérieure.

P02/9

Ist es kalt, schaltet sich die Frostschutzpumpe automatisch ein, bei wärmerem Wetter schaltet sie sich wieder aus.

La pompe antigel s'enclenche automatiquement par temps froid et elle s'arrête lorsqu'il fait plus chaud.

P02/10

Auf diese Weise kommt es dann nicht zu unnötigem Verschleiß oder aber zur Vereisung des Druckluftsystems.

L'usure inutile est ainsi évitée et le givrage d'organes du système à air comprimé est également exclu.

P02/11

Vergeßlichkeit des Fahrers oder falsches Einschätzen der Wetterlage spielt dann kein Rolle mehr.

L'oubli du conducteur de mettre la pompe en marche ou sa mauvaise appréciation des conditions climatiques n'entrent donc plus en ligne de compte.

P02/12

Die Pumpe arbeitet selbsttätig nur bei Frost.

La pompe travaille automatiquement et seulement par temps de gel.

P02/13

Une autre caractéristique de l'invention prévoit que le thermostat et le piston de pompe sont disposés sur le même axe.

- Die Beschreibung beigefügter Zeichnungen *(description des dessins)*. Hier geht es um die Nennung aller wesentlichen Bestandteile des Erfindungsgegenstands. Auch wenn der Fachmann sich in der Praxis der Patentrecherche in der Regel zuerst an der Zeichnung (vgl. Abbildung S. 9) orientieren wird, hat die Beschreibung so explizit zu sein, daß die Zeichnung nicht zum Verständnis notwendig ist:

P02/14

Zeichnung

Ein Ausführungsbeispiel der Erfindung ist in der Zeichnung dargestellt und in der nachfolgenden Beschreibung näher erläutert.

D'autres caractéristiques et avantages de l'invention ressortiront plus clairement de la description qui va suivre d'un exemple de réalisation non limitatif, ainsi que de la figure unique du dessin annexé, qui est une coupe axiale d'un appareil selon l'invention.

P02/15

Beschreibung des Ausführungsbeispiels

Eine Vorrichtung zum Einbringen eines Gefrierschutzmittels hat ein Gehäuse 1, in dem eine Pumpe 2 angeordnet ist.

L'appareil représenté pour introduire un antigel possède un corps 1 dans lequel est logée une pompe 2.

P02/16

Die Pumpe 2 hat einen Pumpenzylinder 3, an dessen Ende ein Druckventil 4/5 angeordnet ist.

La pompe 2 comporte un cylindre de pompe 3, à l'extrémité duquel est installée une soupape de refoulement 4/5.

P02/17

Ein Sitz 4 des Druckventils 4/5 ist durch einen Ringansatz im Gehäuse 1 gebildet, und ein Schließkörper 5 des Druckventils 4/5 ist als Teller ausgebildet.

Le siège 4 de cette soupape est formé par un bourrelet annulaire du corps 1 et son clapet 5 a la forme d'un disque.

P02/18

Dieser Teller ist in einer Auslaßkammer 6 angeordnet und steht dort unter Einwirkung einer Feder 7, die bestrebt ist, den Schließkörper 5 gegen seinen Sitz 4 zc drücken.

Ce disque est disposé dans une chambre de sortie 6, où il est chargé par un ressort 7 tendant à presser le clapet 5 contre son siège 4.

P02/19

Das dem Ventilsitz 4 benachbarte Ende des Pumpenzylinders 3 ist mit einer Abstufung 9/10 versehen.

L'extrémité côté siège 4 du cylindre de pompe 3 présente une réduction 9/10.

P02/20

Diese hat im Ventilsitz 4 eine Ausnehmung 9 kleineren Durchmessers, die sich in einem Kegelstück 10 fortsetzt, um dann in einen zylindrischen Teil 11 des Pumpenzylinders 3 überzugehen.

Cette réduction est formée d'un orifice 9 de diamètre relativement petit, d'une portion conique 10 se raccordant à cet orifice et d'une portion cylindrique qui se raccorde à son tour à une portion cylindrique 11 de plus grand diamètre du cylindre 3.

P02/21

Im Pumpenzylinder 3 ist ein Pumpenkolben 12 angeordnet, der dort mit einer Ringdichtung 13 abgedichtet ist.

Le cylindre 3 contient un piston de pompe 12 qui peut coulisser à joint étanche dans ce cylindre grâce à la disposition sur lui d'un joint annulaire 13.

P02/22

Der Pumpenkolben 12 ist von seiner dem Druckventil 4/5 abgekehrten Seite her ausgehöhlt und diese Höhlung 14 ist durch eine Platte 15 abgedeckt, die auf dem Ende des Pumpenkolbens 12 aufliegt.

Le piston 12 est creux: sa cavité 14 débouche du côté opposé à la soupape de refoulement 4/5, où elle est fermée par une plaquette 15 disposée sur l'extrémité du piston 12.

P02/23

Eine Feder 8 ist bestrebt, den Pumpenkolben 12 von dem Druckventil 4/5 wegzudrücken.

Un ressort 8 tend à écarter le piston 12 de la soupape de refoulement 4/5.

P02/24

Der Pumpenzylinder 3 ist auf seiner dem Druckventil 4/5 abgekehrten Seite mit einer Bohrungserweiterung 16 versehen, in die eine Tragwand 17 abgedichtet eingesetzt ist.

A son extrémité opposée à la soupape de refoulement 4/5, le cylindre de pompe 3 présente un élargissement 16 qui reçoit, de façon étanche, le fond 17 - formant élément de support - d'une lanterne 22.

P02/25

An der dem Pumpenkolben 12 abgekehrten Seite liegt an der Tragwand 17 das zylindrische Gehäuse 18 eines Thermostaten 19 an, wobei eine auf einem Ringrad 20 des Thermostat-Gehäuses 18 aufgesetzte Feder 21 bestrebt ist, das Gehäuse 18 gegen die Tragwand 17 zu drücken.

Par son côté opposé au piston 12, le fond 17 supporte le boîtier cylindrique 18 d'un thermostat 19. Un ressort 21 appuyé sur un rebord annulaire 20 du boîtier 18 du thermostat presse ce boîtier contre le fond 17.

P02/26

Der Thermostat 19 hat einen gleichachsig zum Thermostat-Gehäuse 18 angeordneten Stift 19', der temperaturabhängig ein- und ausfahrbar ist.

Le thermostat 19 présente une tige 19' qui est coaxiale au boîtier 18 et qui peut être rétractée et étendue en fonction de la température.

P02/27

Die Tragwand 17 ist Endteil einer Laterne 22, in deren oberes Ende ein Sprengring 23 und eine plattenförmige Spinne 24 eingesetzt sind.

La lanterne 22 dont le fond 17 forme une extrémité contient dans son extrémité supérieure un jonc 23 et un croisillon-plaquette 24.

P02/28

An der Spinne 24 ist ein Innenzapfen 25 eines Deckels 26 befestigt, der mit einem zylindrischen Rand 27 Aussparungen 28 der Laterne 22 übergreift.

A ce croisillon est fixé un tenon intérieur 25 d'un couvercle 26 dont la jupe cylindrique 27 recouvre des ouvertures 28 de la lanterne 22.

P02/29

Über die vom Deckelrand 27 geschützten Aussparungen 28 steht eine den Thermostaten 19 aufnehmende Innenkammer 29 ständig mit der Außenluft in Verbindung.

Une chambre intérieure 29 contenant le thermostat 19 communique en permanence avec l'air extérieur à travers des ouvertures 28 protégées par la jupe 27 du couvercle.

P02/30

Der Pumpenzylinder 3 hat einen seitlichen Radialdurchbruch 30, und an diesen Durchbruch 30 ist eine Zuführungsbohrung 31 für Frostschutzmittel angeschlossen.

Le cylindre de pompe 3 présente latéralement un orifice radial 30 qui communique avec un orifice d'alimentation 31 pour l'antigel.

P02/31

Eine über der Ringdichtung 13 liegende Kammer 32 steht ständig unter dem wechselnden Druck eines Druckreglers.

Une chambre 32 située au-dessus du joint annulaire 13 est exposée en permanence à la pression variable d'un régulateur de pression.

P02/32

Die Auslaßkammer 6 wird seitlich von einer Druckluftleitung 33 angeschnitten.

La chambre de sortie 6 est coupée sur le côté par une canalisation d'air comprimé 33.

P02/33

Ein dem Druckventil 4/5 zugekehrtes Ende 34 des Pumpenkolbens 12 bildet mit einer Dichtung 33 im Gehäuse ein Pumpenventil 34/35, das eine Pumpenkammer 36 vom Pumpenzylinder 3 trennt.	Du côté de la soupape de refoulement 4/5, le piston de pompe 12 possède une extrémité 34 qui forme avec un joint 35 disposé dans le corps de l'appareil une soupape de pompe 34/35 qui sépare une chambre de pompe 36 du cylindre 3.

- Die ausführliche Beschreibung der Erfindung und ihrer Funktion *(description détaillée de l'invention)* in mindestens einer ihrer Ausführungsformen, möglichst mit Beispielen und ggf. unter Bezugnahme auf weitere Zeichnungen. Auch hier ist der Übergang zum Neuen sprachlich markiert (*Gemäß der Erfindung ist nun*..., *Selon l'invention*..., P02/47).

P02/34

Wirkungsweise	Fonctionnement
Dem Pumpenzylinder 3 wird über die Bohrung 31 Gefrierschutzmittel zugeführt.	De l'antigel est amené au cylindre de pompe 3 à travers l'orifice 31.

P02/35

Das Gefrierschutzmittel füllt die Pumpenkammer 36.	L'antigel remplit la chambre de pompe 36.

P02/36

Das geschlossene Druckventil 4/5 hindert es am Austreten in die Kammer 6.	La soupape de refoulement 4/5 fermée l'empêche d'entrer dans la chambre 6.

P02/37

Wenn jedoch vom Druckregler ein Druckstoß kommt, geht der Pumpenkolben 12 gegen die Kraft der Feder 8 nach unten.	Lorsqu'une impulsion de pression arrive du régulateur de pression, le piston de pompe 12 est abaissé contre la force du ressort 8.

P02/38

Dabei drängt der Pumpenkolben 12 das Gefrierschutzmittel aus dem Pumpenzylinder 3 in die Zuführbohrung 31 zurück.	Pendant ce mouvement, le piston 12 repousse une partie de l'antigel du cylindre 3 dans l'orifice d'alimentation 31.

P02/39

Nach Schließen des Ventiles 34, 35 wird Frostschutzmittel aus der Kammer 36 über das sich öffnende Druckventil 4/5 in die Kammer 6 gepumpt.	Après fermeture de la soupape 34/35, de l'antigel de la chambre 36 est pompé dans la chambre 6 à travers la soupape de refoulement 4/5 qui s'ouvre.

P02/40

Die Kammer 6 hat Verbindung mit der Druckluftleitung 33, die seitlich neben der Achse des Pumpenzylinders und senkrecht zu dieser angeordnet ist.	La chambre 6 communique avec la canalisation d'air comprimé 33 qui passe à côté de l'axe du cylindre de pompe et est orientée transversalement à cet axe.

P02/41

Die vorbeiströmende Druckluft läßt eine Druckdifferenz entstehen, die für eine gute Abgabe des Gefrierschutzmittels an die vorbeiströmende Druckluft maßgebend ist.	Le flux d'air comprimé crée une différence de pression qui est essentielle pour un bon transfert d'antigel à l'air comprimé.

P02/42

Am Ende des Druckhubs füllt der Pumpenkolben 12 die Pumpenkammer 36 so vollständig aus, daß praktisch kein Verlustraum bestehen bleibt.	A la fin de la course de refoulement, le piston 12 remplit si complètement la chambre de pompe 36 qu'il ne subsiste pratiquement pas d'espace mort.

P02/43

Auf diese Weise wird das gesamte in der Pumpenkammer 36 eingeschlossene Gefrierschutzmittel ausgestoßen.	La totalité de l'antigel enfermé dans la chambre 36 est ainsi expulsée.

P02/44

Die Pumpe kann dadurch auch Luft verdrängen, die sich eventuell in der Pumpenkammer 36 angesammelt hat.	La pompe peut de ce fait également refouler de l'air ayant pu s'accumuler dans la chambre de pompe 36.

P02/45

Außerdem kann sie beim darauffolgenden Saughub ein Vakuum erzeugen, um nach Öffnen des Ventiles 34, 35 neues Gefrierschutzmittel anzusaugen.	De plus, lors du mouvement consécutif d'aspiration, elle est en mesure de créer une dépression pour faire entrer une nouvelle dose d'antigel après l'ouverture de la soupape 34/35.

P02/46

Eine besondere Entlüftung der Pumpe ist deshalb nicht notwendig.	Une purge d'air particulière de la pompe n'est donc pas nécessaire.

P02/47

Gemäß der Erfindung ist nun diese Vorrichtung zum Einbringen von Frostschutzmittel in eine Druckluftleitung mit dem Thermostaten 19 zum Ein- und Ausschalten der Pumpe versehen.	Selon l'invention, cet appareil pour introduire de l'antigel dans une canalisation d'air comprimé est équipé du thermostat 19 pour la mise en marche et l'arrêt de la pompe.

P02/48

Der Thermostat 19 steht über die Aussparungen 28 ständig mit der Außenluft in Berührung.	Le thermostat 19 est exposé en permanence à l'air extérieur à travers les ouvertures 28.

P02/49

Ist es warm, dann ist der Stift 19' ausgefahren in eine Stellung, die in der Zeichnung strichpunktiert dargestellt ist.	S'il fait chaud, la tige 19' est étendue;

P02/50

Das Stiftende des Stiftes 19' ist dabei so weit in den Pumpenzylinder eingedrungen, daß der Pumpenkolben 12 nur noch einen ganz geringen Hub machen kann.	elle pénètre alors sur une telle distance dans le cylindre de pompe 3 que le piston 12 peut seulement effectuer une très faible course.

P02/51

Diese geringe Bewegung des Pumpenkolbens 12 ist notwendig, daß er im Sommer, also zur Stillstandzeit der Pumpe, nicht festbackt.	Ce faible mouvement du piston 12 est nécessaire pour éviter qu'il ne se bloque en été, c'est-à-dire quand la pompe est arrêtée.

P02/52

Ist es dagegen kalt, dann ist der Stift 19' zurückgezogen, und der Pumpenkolben 12 ist in seinem Hub nicht behindert.

Par contre, par temps froid, la tige 19' est rétractée, comme représenté, et le piston de pompe 12 n'est pas entravé dans son mouvement alternatif.

P02/53

Die Pumpe arbeitet in der vorher beschriebenen Art abhängig von den Druckänderungen im System, die der Druckregler verursacht.

La pompe travaille alors comme décrit dans ce qui précède, actionnée chaque fois par les variations de pression provoquées dans le système par le régulateur de pression.

P02/54

Als Thermostat 19 wird vorzugsweise ein Dehnstoff-Element verwendet, das etwa oberhalb des 0°-Gefrierpunktes den Stift 19' ausfahren läßt.

Le thermostat 19 est de préférence formé par un élément en matériau dilatable qui produit l'extension de la tige 19' au-dessus du point de congélation de 0° par exemple.

P02/55

Bei +5° nimmt der Stift 19' seine voll ausgefahrene Stellung ein, in welcher er die Pumpe unwirksam hält.

La tige pourrait être étendue complètement - rendant la pompe inopérante - à plus 5° par exemple.

P02/56

Steigt die Außentemperatur auf höhere Werte, z.B. über 30° C an, so bewirkt ein weiteres Ausfahren des Stiftes 19' ein Nachgeben der das Thermostat-Gehäuse 18 belastenden Feder 21, so daß sich der Thermostat 19 etwas anhebt.

Si la température extérieure monte à une valeur relativement élevée, au-delà de 30°C par exemple, une extension supplémentaire de la tige 19' produit un léger soulèvement du thermostat 19, avec compression du ressort 21 agissant sur le boîtier 18 du thermostat.

P02/57

Um diese Wirkung mit Sicherheit zu erreichen, muß die Kraft der Feder 21 größer sein als die Kraft der auf den Pumpenkolben 12 einwirkenden Feder 8 plus Kolbenreibung.

Pour que cet effet soit obtenu avec certitude, la force du ressort 21 doit être plus grande que la force du ressort 8 agissant sur le piston de pompe 12 plus le frottement du piston.

Die Untergliederung der Beschreibung kann - wie im vorliegenden Beispiel - durch Überschriften ("Stand der Technik", "Vorteile der Erfindung", "Zeichnung", "Wirkungsweise" usw.) verdeutlicht werden. Sie sind nicht obligatorisch und werden in der Übersetzung von P02 auch nicht systematisch berücksichtigt. Außerdem ist es - besonders bei einfacheren Sachverhalten - möglich, z.B. die Erläuterung der Zeichnung und der Wirkungsweise zusammenzufassen. Umgekehrt kann bei komplizierteren Erfindungsgegenständen eine weitere Untergliederung für die verschiedenen Ausführungsvarianten nötig sein. Fakultativ kann die Beschreibung außerdem Kommentare zur gewerblichen Verwertbarkeit *(possibilités d'exploitation industrielle)* enthalten.

Der Anspruchteil besteht in P02 aus einem Hauptanspruch und vier Unteransprüchen. Der Hauptanspruch (P02/58) enthält den Oberbegriff und das eigentlich Neue, eingeleitet durch *gekennzeichnet dadurch, daß* bzw. *caractérisé en ce que*. Die Unteransprüche (P02/59-62) schützen weitere Ausführungsmöglichkeiten der Erfindung.

P02/58

Ansprüche

1. Vorrichtung zum Einbringen eines Gefrierschutzmittels in ein Druckluftsystem mit einer Pumpe, deren Pumpenkolben in Richtung des Förderhubs einem wechselnden Systemdruck unterliegt sowie mit einer Anschalteinrichtung für den Pumpenkolben, dadurch gekennzeichnet, daß die Abschalteinrichtung durch einen Thermostaten (19) gebildet ist.

REVENDICATIONS

1. Appareil pour introduire un antigel dans un système à air comprimé, comprenant une pompe dont le piston est exposé à une pression de système variable dans le sens de la course de refoulement, ainsi qu'un dispositif de mise hors service du piston, caractérisé en ce que le dispositif de mise hors service est formé par un thermostat (19).

P02/59

2. Vorrichtung nach Anspruch 1, dadurch gekennzeichnet, daß der Thermostat (19) und der Pumpenkolben (3) gleichachsig angeordnet sind.

2. Appareil selon la revendication 1, caractérisé en ce que le thermostat (19) et le piston de pompe (12) sont disposés sur le même axe.

P02/60

3. Vorrichtung nach Anspruch 1 oder 2, dadurch gekennzeichnet, daß der Thermostat (19) als Dehnstoffelement ausgebildet ist, und einen axialen Stift (19') hat, der bei hoher Temperatur ausgefahren und bei niedriger Temperatur zurückgezogen ist.

3. Appareil selon la revendication 1 ou 2, caractérisé en ce que le thermostat (19) est formé par un élément à matériau dilatable et possède une tige axiale (19') qui est étendue à température modérée ou élevée et qui est rétractée à basse température.

P02/61

4. Vorrichtung nach einem der Ansprüche 1 bis 3, dadurch gekennzeichnet, daß der Hub des Thermostaten (19) größer ist als benötigt und daß das Gehäuse (18) des Thermostaten (19) axialbeweglich aufgenommen und gegen die Kraft einer Feder (21) abgestützt ist.

4. Appareil selon l'une quelconque des revendications 1 à 3, caractérisé en ce que la course du thermostat (19) est plus grande que nécessaire et en ce que le boîtier (18) du thermostat (19) est monté avec une certaine mobilité axiale et est appuyée contre la force d'un ressort (21).

P02/62

5. Vorrichtung nach einem der Ansprüche 2 bis 4, dadurch gekennzeichnet, daß dem Pumpenkolben (12) gegenüber dem Thermostat-Stift (19') auch in Abschaltstellung der Pumpe noch ein Resthub ermöglicht ist.

5. Appareil selon l'une quelconque des revendications 2 à 4, caractérisé en ce que, même en position de mise hors service de la pompe, le piston de pompe (12) est encore capable d'effectuer une course résiduelle par rapport à la tige (19') du thermostat.

2.4. Die Teiltexte der Patentschrift

Die am Textbeispiel P02 vorgestellten Teiltexte von Patentschriften beruhen auf konventioneller und rechtlicher Fixierung. Aus fachsprachlicher Sicht sind Patentschriften eine Mischung aus der Sprache der Technik und der Sprache des Rechts. Dabei tendieren die einzelnen Teile der Patentschrift jeweils zu einem dieser Pole: die Beschreibung zum technischen, der Anspruch zum rechtlichen.

2.4.1. Die Beschreibung

Die Funktion der Beschreibung ist die Offenbarung, also die Darstellung der technischen Lehre einer zum Patent angemeldeten Erfindung. Rechtlich gesehen dient sie zwar nur der Auslegung der Patentansprüche, unter den praktischen Gesichtspunkten von Textproduktion und Anmeldeverfahren einerseits und Information und Dokumentation andererseits ist sie jedoch höher einzustufen:

- Textproduktion und Anmeldung. Die Fixierung eines Erfindungsgedankens geschieht zunächst entweder materiell oder in einer Zeichnung, dann in schriftlicher Form. In diesem Stadium, also als Beschreibung und Zeichnung, wird in der Regel ein Patentanwalt hinzugezogen. Seine Hauptaufgabe besteht zunächst darin, den Stand der Technik und das eigentlich Neue voneinander zu trennen. Diese Trennung ist notwendig, um aus einer normalen technischen Beschreibung eine Patentbeschreibung zu machen. Sie spiegelt sich dann in der Unterscheidung von Oberbegriff und kennzeichnenden Merkmalen des Patentanspruchs wider (vgl. 2.4.2). Für das Einreichen zur Patentanmeldung und damit den vorläufigen Schutz der Erfindung ist jedoch die Patentbeschreibung ausreichend, der Patentanspruch kann nachgereicht werden.
- Information und Dokumentation. Auch für den Zugriff auf Patentschriften bei Recherchen zum Stand der Technik sind Zeichnung und Beschreibung von vorrangiger Bedeutung. Weitere Teile der Beschreibung dienen daher hauptsächlich der Übersichtlichkeit und sind nicht formalrechtlich, sondern konventionell fixiert.[21]

Die folgenden Wendungen sind kennzeichnend für die einzelnen Abschnitte der Patentbeschreibung:

- *Die Erfindung betrifft/geht aus von/bezieht sich auf* o.ä. zur Nennung der Bezeichnung und des technischen Gebiets. Üblicherweise stimmt die Formulierung mit dem Oberbegriff des Hauptanspruchs überein.
- *Die Aufgabe wird dadurch gelöst, daß...* mit folgendem Zitat der kennzeichnenden Merkmale des Hauptanspruchs.
- *Vorteilhaft ist es, wenn...* oder *In Weiterbildung wird...* zur Einleitung von Zitaten aus den Unteransprüchen.

---

21 Z.B. fordern weder PatG noch EPÜ das ausdrückliche Formulieren der Aufgabenstellung. Oberbegriff, Aufgabe und Kennzeichen werden aber in einer Entscheidung des BPatG (26.8.1969) als untrennbare Einheit bezeichnet.

Die Beschreibung muß in ihrer Terminologie konsistent sein, d.h. ein technischer Begriff oder eine technische Eigenschaft ist immer auf die gleiche Weise zu bezeichnen. Obwohl Beschreibung und Zeichnung(en) gleichermaßen auslegende Funktion haben, mißt die Rechtsprechung der Beschreibung einen größeren Wert zu. Der Text ist daher sehr sorgfältig auszuarbeiten, denn nachträgliche Ergänzungen werden in der Regel abgelehnt.[22]

2.4.2. Der Patentanspruch

Bei der Formulierung des Anspruchs wird in der Regel nach folgender Methode vorgegangen: Die Erfindung wird auf ihre Funktionsweise hin analysiert. Dann wird der Kreis der möglichen Entgegenhaltungen - der Stand der Technik - definiert. Begriffliche Übereinstimmungen mit dem Stand der Technik werden dem Oberbegriff, die wesentlichsten Merkmale der Erfindung dem kennzeichnenden Teil zugeordnet. Weitere Merkmale können ggf. in die Unteransprüche aufgenommen werden. Schließlich können diese Begriffe zur Erweiterung des Schutzbereichs noch abstrahiert werden. Die Grenze der Abstrahierung ist überschritten, wenn Ausführungsformen umfaßt werden, die bereits dem Stand der Technik entsprechen.

Der Anspruch kann in Hauptanspruch und Unteransprüche gegliedert sein, um die wesentlichen Merkmale der Erfindung von besonderen Ausführungsformen abzugrenzen. Unteransprüche müssen immer auf einen der vorangehenden Ansprüche Bezug nehmen, aber nicht erfinderisch sein. Üblicherweise werden die Unteransprüche als kumulativ angesehen, d.h. ein Anspruch wird so aufgefaßt, daß alle vorhergehenden einen Oberbegriff bilden. Da dieses Prinzip aber nicht konsequent durchgeführt wird, empfiehlt sich entweder die genaue Nennung der Ansprüche, auf die Bezug genommen wird, oder die eindeutige Formulierung *nach einem oder mehreren der Ansprüche x bis y* (franz. *selon l'une quelconque des revendications x à y*).

Das französische Recht ist weiter gefaßt und läßt in Patentansprüchen neben der ebenfalls obligatorischen Gliederung in Oberbegriff und kennzeichnenden Teil theoretisch auch das amerikanische Anspruchsmodell zu.[23] Dieses geht von der Erscheinungsform der Erfindung aus und zerlegt sie in alle ihre unterscheidbaren Bestandteile. Geschützt sind alle möglichen Kombinationen dieser Bestandteile. Die Formulierung eines solchen Anspruchs ist sehr aufwendig und führt oft zu einer Vielzahl von Ansprüchen. In der Praxis scheint die amerikanische Version nicht geläufig zu sein. In Patenten beider Sprachen findet sich dagegen am Ende der Beschreibung häufig ein Satz, der darauf hinweist, daß alle in der Beschreibung dargestellten Merkmale einzeln oder in beliebiger Kombination erfindungswesentlich sind.

---

22 REICHEL (1989:6).

23 Für eine Gegenüberstellung des deutschen und des amerikanischen Anspruchsmodells vgl. SCHMIDT (1972:301).

Schutzrechtlich gesehen sind die Patentansprüche der primäre Textteil einer Patentschrift, Beschreibung und Zeichnungen sind sekundär. Die Ansprüche dürfen daher keine Bezugnahmen auf die Beschreibung oder die Zeichnungen enthalten. In der Praxis sind aber häufig (wie auch im Textbeispiel P02) die Nummern aus der Zeichnung enthalten; sie werden dann jedoch - im Gegensatz zum beschreibenden Text - grundsätzlich in Klammern gesetzt.

Form und Inhalt der Patentansprüche sind in der Patentanmeldeverordnung festgelegt.[24] Die Gliederung eines Anspruchs orientiert sich an der antiken Definitionslehre: Er besteht aus einem Oberbegriff *(préambule)* und einem kennzeichnenden Teil *(partie caractéristique)*. Der Oberbegriff muß die durch den Stand der Technik bekannten und nicht zum Schutz beanspruchten Merkmale enthalten, der kennzeichnende Teil die patentfähigen Merkmale, die in Verbindung mit den Merkmalen des Oberbegriffs geschützt werden sollen. Hinsichtlich des Informationswerts ist also der Oberbegriff thematisch und der kennzeichnende Teil rhematisch. Syntaktisch ist der Oberbegriff als Nominalphrase realisiert, der der kennzeichnende Teil untergeordnet ist. In der Regel ist der kennzeichnende Teil so umfangreich, daß anstelle einer Nominalphrase ein Nebensatz gewählt wird. Die Anknüpfung an den Oberbegriff geschieht dann mit *dadurch gekennzeichnet, daß... (caractérisé en ce que)* und ist häufig typographisch hervorgehoben.[25] Alternative Formulierungen sind zwar nicht ausgeschlossen, werden aber kaum benutzt, da das Patentamt in dieser Hinsicht eher konservativ ist.[26]

SCHAMLU ordnet den Patentanspruch der Textsorte "Beschreibung" mit einer "den Gegenstand definierenden Funktion" zu und nennt als sein wesentliches lexikalisches Merkmal die semantisch undeterminierten Nomina und Nominalsyntagmen.[27] Sie meint damit insbesondere die Hinterglieder nominaler Komposita (z.B. *-gerät, -vorrichtung, -organ*).

2.4.3. Die Zusammenfassung

Ein weiterer Textteil, der zunehmend an Bedeutung gewinnt, ist die Zusammenfassung. Sie erscheint in der Regel neben einer Verkleinerung der Zeichnung auf dem Titelblatt der Patentschrift. Die Zusammenfassung soll so gefaßt sein,

> daß sie ein klares Verständnis des technischen Problems, seiner Lösung und der hauptsächlichen Verwendungsmöglichkeit der Erfindung erlaubt.[28]

---

24 §4 PatAnmV.

25 Für typische Formulierungen aus dem Patentwesen vgl. auch das *Wörterbuch des Patentwesens in fünf Sprachen: Deutsch, Englisch, Französisch, Spanisch, Russisch* von SZENDY (1974).

26 Vgl. CZEKAY (1986:48).

27 SCHAMLU (1985:125ff).

28 §36 II 2 PatG.

Eine gängige Praxis ist, in der Zusammenfassung den Hauptanspruch ohne die Trennungsfloskel *dadurch gekennzeichnet, daß...* zu zitieren. Am Textbeispiel wurde deutlich, daß so das Ziel, ein "klares Verständnis des technischen Problems" zu ermöglichen, verfehlt wird. Da heute aber die manuelle Recherche zugunsten von Online-Recherchen in Datenbanken oder auf kommerziell vertriebenen Datenträgern[29] zunehmend verdrängt wird und diese Datenbanken nicht immer den Volltext der Anmeldungen enthalten, wird der Zusammenfassung eine gewichtigere Rolle bei der Literaturrecherche zukommen.[30] Fast alle der von uns untersuchten Patentschriften enthielten eine Zusammenfassung.

2.5. Patentschriften als Textsorte?

Aufgrund ihrer Doppelfunktion - Schutz und Beschreibung von Erfindungen - sind Patentschriften eine Mischform aus den Fachsprachen des Rechts und der Technik. SCHAMLU sieht in der Häufung von Nominalkomposita ein Merkmal der Fachsprache der Technik, in Nominalstil und Passiv dagegen typische Merkmale der Fachsprache des Rechts. Für eine eigene Fachtextsorte könne dagegen die Verwendung relativ unspezifischer Nomina sprechen, durch die sich Patentschriften von den anderen Fachsprachen unterscheiden.[31] Die Untersuchung der nominalen Komposita wird allerdings zeigen, daß unspezifische Nomina zwar auch in Patenten zu elektronischen und mechanischen Vorrichtungen vertreten sind, hochspezifische Nomina aber noch weitaus häufiger vorkommen. DEDERDING weist in Anlehnung an HARWEGS Theorie der Textkonstitution[32] auf die Heterogenität der Bestandteile von Patentschriften hin und plädiert für ihre Analyse als voneinander unabhängige Einzeltexte.[33] Bezieht man sich auf HOFFMANNS Klassifikation der Fachsprachen und unterscheidet zwischen Gegenstand und Funktion des Texts, so liegt es näher, bei Patentschriften primär von einer Fachsprache der Technik auszugehen, weil sowohl Gegenstand des Texts als auch eine der beiden Funktionen, nämlich die der technischen Dokumentation, diesem Gebiet zuzuordnen sind. (Dafür spricht auch die oben angenommene Reihenfolge der Abfassung: Beschreibung vor Ansprüchen.) Diese primär technische Fachsprache ist nun rechtlichen Normen unterworfen, die als sekundär betrachtet werden können, weil sie erstens unabhängig von der zu beschreibenden bzw. zu schützenden Erfindung nicht existieren

---

29 Z.B. die Bertelsmann-Patent-Online-Systeme PATOS für deutsche und ESPACE für europäische Patentanmeldungen, die auch als CD-ROM per Abonnement erhältlich sind.

30 Vgl. auch das Plädoyer für eine "Zusammenfassung" von RUPPRECHT (1990).

31 SCHAMLU (1985:132f).

32 HARWEG (1968).

33 DEDERDING (1982a:75-85).

können und zweitens variabel sind - und dies sowohl in diachroner (Wandel der Patentgesetzgebung) als auch in synchroner Hinsicht (vgl. die Diskussion über Formulierungen von Patentschriften in den *Mitteilungen für Patentanwälte*).

Für die kontrastive Untersuchung ist die Frage nach der Textsorte zwar zunächst von untergeordneter Bedeutung, der syntaktisch orientierte Textvergleich wird aber zeigen, daß auch innerhalb der z.B. von DEDERDING isolierten Teiltexte nicht-fachsprachliche Faktoren für das Auftreten bestimmter syntaktischer Strukturen verantwortlich sind (vgl. den Zusammenhang zwischen statischen und dynamischen Relationen und prädikativen Nominalisierungen, Kap. 5.3). Vor diesem Hintergrund erscheint es nicht sinnvoll, Grobgliederungen wie "Fachsprache der Technik" *vs.* "Fachsprache des Rechts" über isolierte syntaktische Phänomene vorzunehmen.

3. Nominale Komposita

3.1. Ziele und Methoden

Zwischen den Gliedern eines Nominalkompositums (NK) bestehen Relationen, die durch seine Form nicht eindeutig ausgedrückt werden. Je nach Ansatz werden diese Relationen mit syntaktischen oder semantischen Funktionen beschrieben. In generativen Analysen wird dabei das NK oder ein Teil des NK auf eine zugrundeliegende Struktur zurückgeführt. Diese Struktur kann durch eine Paraphrase realisiert werden, z.B. einen Relativsatz. Da in NK aber Kategorien wie Modus, Tempus und Quantifizierung nicht explizit ausgedrückt sind, können Paraphrasen und NK nicht semantisch äquivalent sein.[1] Als weitere Kritik an solchen generativen Analysen wird vorgebracht, daß die Paraphrasen nicht zugrundeliegende Strukturen repräsentieren, sondern immer sekundär sind.[2] In den Fachsprachen, insbesondere den technischen, sind NK besonders häufig.[3] Da bei der Redaktion fachsprachlicher Texte ein Großteil der NK ad hoc und der Intuition des Redakteurs folgend gebildet werden, stellt sich das Problem der richtigen Interpretation der Relationen zwischen den Kompositumgliedern bei der Rezeption und bei der Übersetzung der Texte. Als besonders problematisch gelten Sprachen mit relativ unbeschränkten asyndetischen Kompositionsmöglichkeiten wie das Deutsche und das Englische im Gegensatz zum Französischen. Louis TRIMBLE, führender Vertreter der anglophonen Fachsprachendidaktik, formuliert das Übersetzungsproblem:

> ...no matter how well students learn to analyze compounds into their component parts and, if necessary, translate them into their native languages, there are a great many compounds that refuse to yield to these procedures [...]. When we look at the often complex compounds in scientific and technical discourse, we can see that the problem is magnified to the point where many are impossible of translation even by a native speaker unless that speaker knows the subject well.[4]

Auch die Patentanwälte sehen im Bereich der Nominalkomposition Fachwissen als einzige Möglichkeit für die Entschlüsselung der Formen und warnen ausdrücklich vor Übersetzern mit mangelnder Qualifikation im entsprechenden Fachgebiet.[5] Fraglich ist, ob das Problem der Interpretation von NK in romanischen Sprachen wie dem

---

1 Vgl. z.B. ROHRER (1977²) und KÜRSCHNER (1974). Gegenposition bezieht SCHONEBOHM, der für eine Tiefenstruktur mit Tempusmerkmalen plädiert (1979:124).

2 GAUGER (1971:158f).

3 Vgl. die Ergebnisse der Korpusauswertung auf S. 29.

4 TRIMBLE (1985:131).

5 Vgl. BARB (1982:111).

Französischen geringer einzustufen ist. Die kontrastiv zum Englischen an Beispielen wie frz. *système d'orientation pour l'information* vs. engl. *information referral system* gewonnene Einschätzung der Frankokanadierin JASTRAB

> le français indique dans les structures de surface la nature de ces rapports [logiques] au moyen de prépositions ou de subordonnées relatives [...]. L'ordre des éléments au sein de ces syntagmes correspond à des structures sémantiques et syntactiques précises...[6]

ist optimistisch, da die Präpositionen innerhalb der französischen Konstruktionen bekanntlich selten autosemantisch interpretierbar sind.[7] Die von JASTRAB erwähnten subordinierten Sätze sind dagegen Paraphrasemöglichkeiten von NK, die in Sprachen wie dem Englischen und dem Deutschen in gleicher Weise zur Verfügung stehen.

Das Ziel dieses Kapitels ist die Verifizierung solcher sprachvergleichender Thesen durch systematische Auswertung deutscher und französischer Patentschriften. Entsprechend der mehr syntaktischen als terminologischen Ausrichtung der Arbeit wird nach einer Darstellung der Forschungslage und allgemeiner Fragen der Schwerpunkt mit Abschnitt 3.3 auf denjenigen NK liegen, in denen die syntaktischen Relationen zwischen den Kompositumgliedern im Vordergrund stehen und die im deutschen Text als syntaktische Alternative zu anderen Konstruktionsmöglichkeiten zu sehen sind. Dies sind NK, die mindestens ein prädikatives Kompositumglied enthalten und im Kontext zu anderen prädikativen Konstruktionen auflösbar sind (z.B. zu prädikativen Nominalphrasen oder Adverbialsätzen). Anstatt als lexikalisches Phänomen auf der Ebene der *langue* sehen wir diese NK als primär textuelles Phänomen auf der Ebene der *parole*. Sie sind dem als typisch fachsprachlich eingestuften Phänomen der Kondensation zuzuordnen, d.h. der Straffung des Texts durch Einbettung von Prädikationen.[8] In der sprachvergleichenden Korpusanalyse gewinnt dieser Begriff eine zusätzliche Dimension, denn die Möglichkeit zur Kondensation besteht ebenso wie bei der Redaktion des deutschen Texts auch bei der Übersetzung vom Französischen ins Deutsche. Der sprachinterne Vergleich wird zeigen können, ob die ins Deutsche übersetzten Texte in diesem Bereich die gleichen typisch fachsprachlichen Kondensationstendenzen aufweisen wie die deutschen Originaltexte.

Drei Autoren, die Fragen der Nominalkomposition und der Fachsprachenforschung verbinden, sind DEDERDING (1982a), ZHU (1987, 1990) und WOLF (1990). Auf ihre Arbeiten wird im folgenden kurz eingegangen. DEDERDING und ZHU beschreiben nur deutsche NK und verfolgen im Gegensatz zu WOLF beide einen kontextbezogenen Ansatz.

DEDERDING wählt ebenfalls Patentschriften als Korpus, beschränkt sich allerdings auf das Deutsche. Er versucht, den generativen "Paraphrasenansatz" am Text zu verifizieren

---

6 JASTRAB (1987:262).

7 Vgl. z.B. RITZKE (1986).

8 Für Beispiele im Deutschen vgl. BENEŠ (1973).

und untersucht die textuelle Leistung von NK mit dem Ziel, die in der Forschung "üblicherweise angesetzten Paraphrasen" mit den tatsächlich im Text vorkommenden "entsprechenden Strukturen" zu vergleichen. Er berücksichtigt somit nur NK, die im Kontext paraphrasiert werden (dies ist selten der Fall: insgesamt nur bei 289 NK aus 125 Patentschriften), und leitet aus Art und Position der Paraphrase deren Funktionen im Kontext ab. Die erste Funktion ist die "Sicherung des NK-Verständnisses". Beispiel wäre eine Struktur "[NK], *d.h.* [Paraphrase]". Diese Funktion, die der Paraphrase eine sekundäre Rolle gegenüber der NK bescheinigt hätte, hat DEDERDING nur dreimal festgestellt. Die zweite Funktion ist die "Textfunktion". Dazu gehört einerseits die Wiederaufnahme von Text (also der Paraphrase) durch das NK ("Satzpronominalisierung") und andererseits die "Referenzspezifizierung", wenn bei durch bestimmten Artikel determinierten NK das determinierende Kompositumglied zur eindeutigen Referenz auf den Kontext dient. Z.B. wird in *das Dampfrohr* durch das rhematische Erstglied das Dampf führende von dem Ozon führenden Rohr unterschieden.[9] Erwähnenswert ist weiterhin die Diskussion einer Frage, die eigentlich nicht im Mittelpunkt der Arbeit steht,[10] nämlich der "Entstehung" von NK aus dem Kontext. Hier kommt DEDERDING zu dem Ergebnis, daß die Bezeichnung von Gegenständen und Sachverhalten durch NK nicht konsistent ist und daß diese Varianten im Widerspruch zur in der Patentanmeldeverordnung geforderten terminologischen Konsistenz stehen. Sie beruhen im wesentlichen auf "wortbildnerischer Freiheit", Streben nach referentieller Eindeutigkeit oder Vermeidung wörtlicher Wiederholungen.

ZHU unterscheidet in einem ebenfalls kontextbezogenen Ansatz zwischen NK als Fachbenennungen und als fachtextkonstituierenden Elementen. Letztere haben z.B. die Funktion der "thematischen Einleitung". Dabei handelt es sich um Fälle, in denen "man gezwungen [ist], eine unübliche Augenblicksbildung aus einer überlangen Wortgruppe zu schaffen".[11] Diese Augenblicksbildungen sind wiederum eine "wichtige Quelle für Fachbenennungen".[12]

WOLF arbeitet zwar kontrastiv deutsch-französisch, geht aber nicht vom Text, sondern von Glossaren zu verschiedenen Fachgebieten aus, die etwas über 2.000 NK enthalten. Besonders verwiesen sei auf WOLFS außerordentlich ausführliche Diskussion der Literatur zu theoretischen Problemen der Wort- und Kompositumdefinition in beiden Sprachen.[13] Die Ergebnisse des empirischen Teils ihrer Arbeit sind, daß das Französische mehr morphologische Konstruktionsmöglichkeiten als das Deutsche hat, daß die statistische

9 DEDERDING (1982a:137ff).

10 Exkurs zum Postulat "ein technischer Gegenstand - eine technische Bezeichnung", DEDERDING (1982a:154-160).

11 ZHU (1990:228). Die Beispiele stammen aus Texten aus dem Bereich der Ätztechnik. Interessant ist, daß alle von ZHU in diesem Zusammenhang genannten Formen ein prädikatives Element enthalten, wie z.B. *Fertigformverweilzeit*. Auf diese Tatsache wird aber nicht eingegangen.

12 ZHU (1990:232).

13 WOLF (1990:8-96).

Verteilung dieser Konstruktionsmöglichkeiten je nach Fachgebiet (Glossar) unterschiedlich ausfällt und daß Reihenbildungen nicht so systematisch auftreten, daß sie z.B. für die maschinelle Übersetzung nutzbar gemacht werden könnten.[14]

Der von uns gewählte Ansatz unterscheidet sich von den genannten Arbeiten insofern, als er erstens zunächst alle NK im Text berücksichtigt (im Gegensatz zu DEDERDING, der nur im Text paraphrasierte NK berücksichtigt, und zu WOLF, die sich nur auf Glossare, also weitgehend lexikalisierte NK stützt[15]), zweitens den Sprachvergleich mit dem Französischen wählt (im Gegensatz zu DEDERDING und ZHU) und drittens einen Akzent auf die Untersuchung prädikativer Formen setzt (im Gegensatz zu allen drei erwähnten Arbeiten).

3.2. Nominale Komposita im Korpus

Nach folgender Methode wurden die NK aus dem Korpus entnommen: Im deutschen Text wurden zunächst alle zusammengesetzten Formen mit nominalem Kopf (Hinterglied) isoliert, die den bekannten Kriterien für deutsche NK entsprechen.[16] Ausgeschlossen und somit nicht als NK gewertet wurden lediglich einige Formen, die bereits in der Gemeinsprache "usuelle Wörter"[17] sind. Dieses eher intuitive Kriterium läßt sich durch die Analyse der Relation zwischen den Kompositumgliedern präzisieren. Usuelle Wörter sind so fixiert, daß ihr Erstglied nicht mehr in einem offenen Paradigma steht[18] und daher im Kontext keine unterscheidende Funktion haben kann. Dies ist z.B. bei *Schaumstoff* der Fall:

---

14 WOLF (1990:172ff).

15 Mit der Auswahl eines fixierten Fachwortschatzes als Untersuchungsgegenstand geht WOLF ähnlich vor wie diejenigen Arbeiten, die sich vorwiegend mit dem Aspekt der Terminologienormung in den Fachsprachen beschäftigen, wie ISCHREYT (1965) und WÜSTER (1991[3]) für das Deutsche. Für das Russische vgl. die Aufsätze von Scholz und Hums in HOFFMANN (1975).

16 Die meisten deutschen Wortbildungslehren nennen Stabilität der Wortstruktur, Zusammenschreibung, Expansionsfestigkeit, fehlende Flexion innerhalb der Konstruktion, Hauptakzent auf der ersten Konstituente; z.B. FLEISCHER (1982[5]), FLEISCHER/BARZ (1992). Für eine zusammenfassende Diskussion dieser Kriterien vgl. WOLF (1990:20ff).

17 OLSEN (1986:51) unterscheidet zwischen potentiellen, usuellen und okkasionellen Wörtern. Potentielle Wörter sind alle durch Wortstrukturregeln bildbaren Wörter. Diese sind usuell, wenn sie im Lexikon "als die Menge der Lexikoneinträge der Sprache" festgehalten sind, und okkasionell, wenn sie "nicht mit ihren Bedeutungen im Lexikon erfaßt sind".

18 Vgl. auch FLEISCHER/BARZ (1992:89f), die von "lexikalischen Bildungen" sprechen, in denen die "individualisierende Komponente des Erstglieds" eingeschränkt ist.

(1) a. Der Innenschuh sollte nicht aus Schaumstoff, sondern aus festem Material bestehen.
b. Der Innenschuh sollte nicht aus Schaumstoff, sondern aus *Feststoff bestehen.

Weiterhin ergibt sich aus dieser Fixierung, daß im Kontext die Auflösung der Form in ihre Bestandteile ausgeschlossen ist. Adjektiv, Partizip oder Relativsatz scheiden wegen der fehlenden determinierenden Funktion des Erstglieds ohnehin als Paraphrasen aus, die übrigen Paraphrasemöglichkeiten (z.B. präpositionale Verbindung) können die bei fixierten Formen häufig komplexen semantischen Relationen nicht ausdrücken. Dies zeigen die folgenden Beispiele nicht als NK gewerteter Formen:

- d01: *Kraftstoff* ist zwar morphologisch eindeutig in zwei Glieder zerlegbar, es gibt jedoch keine sinnvolle Paraphrase, mit der die beiden Glieder verbindbar wären *(*Stoff mit Kraft)*. Ebenso *Schaumstoff (*geschäumter Stoff, *Stoff {aus/mit} Schaum)*.
- d03: *Oberteil* ist als NK gewertet ("oberes Teil"), *Oberfläche* dagegen als Simplex (* "obere Fläche"), weil die obere zweier Flächen nicht mit *Oberfläche* bezeichnet werden kann. Ein weiteres Simplex ist *Leerlauf*.

Da diese Formen in isolierter Verwendung nicht als Komposita gewertet sind, zählen sie natürlich auch innerhalb komplexerer NK als nur ein Kompositumglied. Das französische Äquivalent spielt für den Ausschluß dieser Formen zwar keine Rolle, es fällt aber auf, daß es sich häufig auch um Simplex-Formen handelt *(essence, mousse, surface,* aber: *marche à vide)*.

Ähnlich problemlose formale Kriterien existieren für das Französische nicht. Die Arbeiten zur französischen Wortbildung orientieren sich zwar nicht explizit am deutschen Kriterium der Zusammenschreibung, konzentrieren sich aber fast ausschließlich auf den asyndetischen Wortbildungstyp. Für die kontrastive Korpusarbeit ist ein so eng gefaßter Kompositumbegriff ungeeignet, da asyndetische Bildungen in den untersuchten Texten außerordentlich selten sind. Für THIELE sind Komposita "Kombinationen aus mindestens zwei Morphemen, die auch als freie Morpheme vorkommen"[19], z.B. *sourd-muet, chou-fleur*. Sein Abschnitt zu "präpositionalen Komposita" enthält nur vier Aussagen: Sie sind neu im 13. Jh., können um Konstituenten erweitert werden, haben "seltener" eine zweite Konstituente mit Artikel und "seltener" mehr als drei Glieder.[20] WANDRUSZKA definiert Komposita als Formen, die keine gebundenen unmittelbaren Konstituenten enthalten und daher zerlegt auch in der freien Syntax verwendbar sind,[21] und nennt als nicht zusammengeschriebene Formen nur den Typ *N à N* (als Beispiel für den semantischen Typ "A enthält B") sowie Nomen-Adjektiv-Verbindungen.[22] Die uns interessierenden Konstruktionen ordnet WANDRUSZKA offensichtlich der Syntax zu,[23] denn die nach wie

19 THIELE (1981:25).

20 THIELE (1981:84f).

21 WANDRUSZKA (1976:91).

22 WANDRUSZKA (1976:98f).

23 WANDRUSZKA (1972:168ff): Kap. 6 "Präpositionale Nominalsyntagmen".

vor umfassendste Beschreibung findet sich in seiner Dissertation, die insbesondere das bei THIELE nur vage formulierte Kriterium der Artikelsetzung einer genauen Untersuchung unterzieht.[24] Die Zahl der Parameter, die die Setzung des "inneren" Artikels bedingen, ist allerdings zu groß, als daß dieses formale Kriterium zur Selektion von Formen aus einem Korpus dienen könnte.[25] Aus demselben Grund verwirft auch RITZKE in seiner Arbeit zur maschinellen Übersetzung französischer Präpositionalphrasen das formal-syntaktische Kriterium: Das Fehlen des Artikels sei zwar ein Anhaltspunkt, es müsse jedoch in zweifacher Hinsicht eingeschränkt werden. Zum einen gelte,

> daß DE/A-Phrasen ohne Determiner zwar typisch für Komposita-Beziehungen sind, daß aber DE/A-Phrasen, die Determiner enthalten, mit ihrer Head-Phrase ebenfalls Komposita bilden können. Im Fall eines solchen Kompositumgliedes können weitere Bedingungen nicht formuliert werden...[26]

Zum anderen entsprächen unter kontrastiven Gesichtspunkten auch Phrasen ohne Determiner nicht grundsätzlich einem deutschen Kompositumglied, wie etwa *période de difficultés* vs **Schwierigkeitenperiode*. Ebenso problematisch ist die semantische Ebene, da nicht davon ausgegangen werden kann, daß französische NK als "Bedeutungseinheit" aufgefaßt werden.[27]

Da wir im Hinblick auf die Extraktion der französischen Formen aus dem Korpus keine zufriedenstellende Möglichkeit sehen, das französische Kompositum zu definieren, machen wir das deutsche Kompositum zum Ausgangspunkt für den Übersetzungsvergleich und definieren als französisches Kompositum den Text, der das Übersetzungsäquivalent des deutschen Kompositums ist. Eine Gegenprobe (Abschnitt 3.2.2) wird bestätigen, daß diese rein empirische Vorgehensweise bei dem von uns verwendeten Korpus adäquat ist. Wir setzen damit im Deutschen auf der Ebene der Wortbildung an und entscheiden uns im Französischen für die üblichere Zuordnung nicht asyndetischer Komposita zur Ebene der Syntax.[28] Es sei ausdrücklich auf die Konsequenz verwiesen, daß mit "Nominalkompositum" somit auch französische Konstruktionen bezeichnet werden, die aufgrund

---

24 WANDRUSZKA (1972:214ff): Kap. 7 "Der innere Artikel".

25 WANDRUSZKA (1972:218ff) nennt u.a. Zählbarkeit, Numerus, Abstraktheit und Anaphorik, wobei diese Faktoren nicht nur isoliert, sondern auch in Kombination untereinander wirken.

26 RITZKE (1986:91).

27 Für eine ausführliche Diskussion der Definitionsmöglichkeiten vgl. ROHRER (1977^2:21ff). Eine Darstellung der Problematik von Tests zur Definition französischer lexikalischer Syntagmen findet sich in KOCOUREK (1991^2:138ff).

28 So meint bereits DARMESTETER (1894^2:5): "c'est à la syntaxe qu'appartient la composition, et sa théorie rentre toute entière dans celle de la construction de la phrase". BALLY (1965^4:98) sieht immerhin eine gewisse Affinität der Komposita zur Syntax: "les composés du français se rapprochent sensiblement des groupes syntaxiques, dont ils ne sont parfois séparés que par de très fines nuances".

der Determinierung des zweiten Nomens eigentlich nicht Wortbildungstypen, sondern syntaktische Typen sind, wie *piston de la pompe* als Äquivalent von *Pumpenkolben*.

Bei der Auswertung des Korpus unterscheiden wir zwischen *types* und *tokens* von NK, d.h. zwischen der Zahl verschiedener Formen und der Zahl ihrer Realisierungen. Insgesamt enthält das Korpus knapp 6.000 NK *(tokens)*. Die Zahlen für die *types* zeigen den hohen Anteil, den NK am Wortschatz und an der Wortzahl der Texte haben:

- Die Patentschriften P01-12 (D→F) enthalten 869 verschiedene deutsche NK *(types)*, d.h. NK machen hier etwa 24% des deutschen Wortschatzes aus. Im Text ist bei ca. 2.700 Verwendungen *(tokens)* dieser NK mehr als jedes achte Wort ein NK. 485 NK kommen einmal und 384 NK mehr als einmal (durchschnittlich 5,6mal) vor.
- Die Patentschriften P13-23 (F→D) enthalten 669 verschiedene deutsche NK *(types)*. Ihr Anteil am Gesamtwortschatz ist mit 19% niedriger als in D→F. Im Text ist bei über 3.200 Verwendungen *(tokens)* dieser NK etwa jedes zehnte Wort ein NK. 372 NK kommen einmal und 297 NK mehr als einmal (durchschnittlich 9,6mal) vor.

3.2.1. Klassifizierung der Formen

3.2.1.1. Methode und Probleme

Die deutschen NK sind nach der Formklasse ihrer Bestandteile und nach ihrer Determinationsstruktur klassifiziert. Formale Veränderungen (z.B. Fugenmorphem, Bindestrich) sind nicht berücksichtigt. Jedes Element des Kompositums ist durch den Buchstaben seiner Formklasse markiert: Nomen (N), Verb (V) oder Adjektiv (A). Die Klammern um die Buchstaben bezeichnen die Determinationsstruktur innerhalb des Kompositums. Die Tabelle (2) nennt nur die 18 NK-Typen mit mindestens zwei *type*-Okkurrenzen, d.h. Typen, die durch mindestens zwei verschiedene Komposita belegt sind. Die Spalte "Okk." nennt die Summe der *type*-Okkurrenzen in allen 23 auf NK untersuchten Patentschriften und ist ein Anhaltspunkt für die Produktivität der einzelnen Typen.[29]

Bei der Klassifizierung der französischen Konstruktionen, die den deutschen NK entsprechen, sind in Tabelle (3) neben den lexikalischen Kompositumgliedern auch Verbindungsmorpheme und Artikel berücksichtigt. Die Konstruktionen enthalten (in Klammern jeweils das in den Tabellen benutzte Symbol):

- die lexikalischen Klassen Nomen (N), Verb (V), Adjektiv (A), Adverb (ADV),
- die Morpheme *de* (de), *à* (à) und andere Präpositionen (pr),
- den Artikel (la).

29 Das einzige fünfgliedrige Kompositum hat nur eine Okkurrenz und ist deshalb in der Tabelle nicht genannt: *Drosselklappenwinkelstellungsbereich*.

Die Beschränkung auf die deutschen Formklassen N, V und A soll vor allem einem ersten Überblick über die Konstruktionen dienen. In der Diskussion der einzelnen NK-Typen werden gegebenenfalls weitere Differenzierungen vorgenommen. Zu N rechnen wir sowohl abgeleitete als auch nicht abgeleitete Substantive. Zu A gehören nicht nur Adjektive, sondern auch Adverbien, Präpositionen, Zahlwörter und Fügungsmorpheme. Diese Überschneidung mehrerer Wortarten im Bereich der Nominalkomposition sehen auch FLEISCHER/BARZ, wenn sie feststellen, daß vor allem solche Präpositionen als Erstglied geläufig sind, "die daneben auch als Adverbien gebraucht werden"[30]. Einige Beispiele aus dem Korpus:

- *Kleinrechner, Microprozessor.* Gelehrte Bildungen mit Fügungsmorphemen lateinischen und griechischen Ursprungs wie *micro-* fallen in dieselbe Klasse wie Bildungen mit Adjektiven. Im Korpus sind sie allerdings kaum vertreten. Die beiden NK werden synonym gebraucht: Das Adjektiv *klein* und das Fügungsmorphem *micro-* haben dieselbe Funktion.
- *Längsspalt, Querstift. Längs* ist Adverb oder Präposition, *quer* dagegen Adverb und nur in übertragener Bedeutung auch attributiv verwendbar.[31]
- *Hochbeschleunigen, Hochdruck. Hoch* ist einmal als Adverb, einmal als Adjektiv analysierbar.

Liste der als "A" gewerteten Erstglieder: *alpin, außen, dicht, doppel, drauf, eigen, einwärts, einzel, fehl, frei, fremd, gegen, gesamt, grob, grund, halb, haupt, hinter, hohl, horizontal, ineinander, inert, innen, kalt, klein, kurz, längs, leer, leise, micro, mindest, minus, mit, mittel, nach, neben, neutral, nieder, normal, ober, oder, original, pH, quer, radial, relativ, rück, sekundär, selbst, servo, stromlos, u-, über, unter, vertikal, vor, vorder, warm, weiter, zentral, zusammen, zweifach, zwischen.*

Bei den deutschen NK-Typen, die sich nur durch ihre Determinationsstruktur unterscheiden (d04/d05, d09/d10, d12/d13), gibt es Grenzfälle, bei denen die Einordnung in die eine oder andere Klasse problematisch ist.

- *Leerlaufregelungsblock* ist ohne weiteres als "[[Block zur [Leerlaufregelung]]" (d04) oder - allerdings weniger plausibel - als "[[Regelungsblock] für den [Leerlauf]]" (d05) paraphrasierbar, im Gegensatz zu *Kraftlinienverlauf*, wo "[[Linienverlauf] der [Kraft]]" keine sinnvolle Paraphrase ist.

Auch wenn deutsche Komposita einen Bindestrich enthalten, so ist dies kein zuverlässiges Indiz für eine weniger enge Zusammengehörigkeit als bei Zusammenschreibung:

- *Kraftstoff-Anreicherungssignal* gehört zum Typ d04, denn die beiden ersten Glieder *Kraftstoff* und *Anreicherung* bilden eine semantische und syntaktische Einheit: Die Paraphrase "Signal zur Kraftstoffanreicherung" ist akzeptabler als "Anreicherungssignal für den Kraftstoff".

---

30 FLEISCHER/BARZ (1992:116).

31 WAHRIG (1980).

Den genannten "Problemfällen" ist gemeinsam, daß sie ein prädikatives Mittelglied haben. Die Behandlung der prädikativen NK in 3.3 wird zeigen, inwiefern die hier intuitiv festgestellte engere Zusammengehörigkeit der prädikativen Nominalisierung mit ihrem Objekt begründet ist. Unproblematisch ist dagegen die Klasse d06, bei der aufgrund des endungslosen Verbstamms im Mittelglied ein Abtrennen des Kopfs nicht möglich ist: *Mengenmeßeinrichtung* kann nur in *Meßeinrichtung für Mengen* aufgespalten werden. Komplizierter sind die viergliedrigen Formen:

- *Drosselklappenstellungswinkel* läßt sich zwar problemlos d12 zuordnen "[Winkel der [Stellung der [Drosselklappe]]]", die ebenfalls vorkommende Variante
- *Drosselklappenwinkelstellung* ist entweder d12 "[Stellung des [Winkels der [Drosselklappe]]]" oder d13 "[[Winkelstellung] der [Drosselklappe]]".
- *Drosselklappenstellungsbewegung* ist d13 "[[Stellungsbewegung] der [Drosselklappe]]", bei Auflösung der ersten beiden Bestandteile mit Präposition ist jedoch d12 "[[Bewegung zur [Stellung der [Drosselklappe]]]" möglich.

Im Französischen ist die Formklasse A ebensowenig homogen wie im Deutschen. Zum Typ f03 gehören daher *haute pression* und *faux-pli* ebenso wie *avant-pied* und *trop-plein*.[32]

Kriterium für die Komplexität französischer NK ist die Anzahl von Elementen aus den lexikalischen Klassen. Wir sagten bereits, daß aufgrund der Definition französischer Komposita die "französischen NK-Typen" eher der Ebene der Syntax zuzuordnen sind, die deutschen dagegen eher der Ebene der Wortbildung. Daher ist z.B. bei Adjektiven im französischen Text zu unterscheiden, ob sie Teil des Kompositums sind - also einem Glied des deutschen NK entsprechen - oder ob sie nur das NK - ganz oder teilweise - determinieren. Vgl.:

- *espace interne du boîtier* entspricht *Gehäuseinnenraum*: Das Adjektiv ist Teil des NK, daher f17.
- *couche interne bi-composante* entspricht *innerer Zweikomponentenschicht*: Das Adjektiv ist nicht Teil des NK, sondern determiniert es nur, daher f04.

Auch die Tabelle (3) für französische NK-Typen enthält nur die Typen mit mindestens zwei *type*-Okkurrenzen. Die hohe Zahl verschiedener Typen ergibt sich einerseits aus der fakultativen Determinierung jedes nominalen Glieds durch den Artikel, andererseits durch die Vielzahl der Verbindungsmorpheme. Die asyndetische Verknüpfung (z.B. der Typ *A-N* oder der mit *porte-cales* nur einmal belegte und daher nicht in die Tabelle aufgenommene Typ *V-N*) macht dabei weniger als 1% der Beispiele aus.[33] Eine

---

32 In der Lexikon-Grammatik des L.A.D.L. (vgl. Kap. 4.2.2), zu der auch ein Komposita-Lexikon gehört, werden Erstglieder wie *avant-* und *arrière-* sogar als "N" gewertet (SILBERZTEIN 1990:75).

33 Die statistische Auswertung französischer fachsprachlicher Neologismen bei QVISTGAARD (1976:144f) ist zwar nicht sehr aktuell, belegt aber ebenfalls die große Bedeutung syntagmatischer Komposita gegenüber anderen Möglichkeiten der Wortbildung.

Auswertung von 100.000 NK an der Universität Paris 13 hat übrigens über 500 verschiedene morphologische NK-Typen ergeben.[34]

Die Tabellen (4) und (5) zur Übersetzung der NK-Typen zeigen die Entsprechungen zwischen deutschen und französischen NK-Typen. In Fällen, in denen die *tokens* eines deutschen NK verschiedenen französischen NK-Typen entsprechen, ist nur der häufigste französische Typ berücksichtigt. Die durchgezogenen Linien trennen NK-Typen unterschiedlicher Komplexität (d.h. mit unterschiedlich vielen Kompositumgliedern).

3.2.1.2. Tabellen: Kompositumtypen und ihre Übersetzung

(2) Deutsche Kompositumtypen:

Typ	*type* -Okk	Kompositumglieder 1	2	3	4	Beispiel
d01	799	N	N			Behältervolumen
d02	278	V	N			Prüfschaltung
d03	171	A	N			Einzelventil
d04	87	[N	N]	N		Druckmittelquelle
d05	29	N	[N	N]		Eingangssiebglied
d06	40	N	[V	N]		Mengenmeßeinrichtung
d07	49	[V	N]	N		Bremskraftunterstützung
d08	9	N	[A	N]		Gemischgleichverteilung
d09	39	[A	N]	N		Vollastbereich
d10	3	A	[N	N]		Gesamtkraftstoffmenge
d11	2	A	[V	N]		Innenspannmittel
d12	12	[[N	N]	N]	N	Drosselklappenwinkelstellungen
d13	6	[N	N]	[N	N]	Beschleunigungsanreicherungskraftstoffmenge
d14	3	[N	N]	[V	N]	Beschleunigungsanreicherungs-Abregelfunktion
d15	2	[[V	N]	N]	N]	Einspritzmengenanpassungsschaltung
d16	3	[V	N]	[V	N]	Dichtkugelschließkörper
d17	2	[N	N]	[A	N]	Beschleunigungsanreicherungsmehrmenge
d18	5	[A	N]	[N	N]	Minimalwert-Auswahlschaltung

34 G. GROSS (1992).

(3) Französische Kompositumtypen:

Typ	*type* Okk	Kompositumglieder 1	2	3	4	Beispiel
f01	30	Paraphrase				force fournie par le ressort barrière
f02	187	N				reniflard
f03	21	A (-)	N			haute pression
f04	189	N	A			alimentation centrale
f05	27	N (-)	N			pompe antigel
f06	639	N de	N			tiroir de réglage
f07	114	N de la	N			position de la pédale
f08	17	N à	N			pompe à carburant
f09	4	N à	A			marche à chaud
f10	32	N pr	N			montage en série
f11	5	N pr la	N			traitement par des circuits
f12	2	N	A	A		corps métalliques frittés
f13	5	N	ADV	A		enroulement faiblement fractionné
f14	16	N	A de	N		quantité différentielle d'air
f15	5	N de	A (-)	N		région de pleine charge
f16	20	N de	N	A		canalisation d'air comprimé
f17	6	N	A de la	N		injection dosée du carburant
f18	8	N de la	N	A		conception du champ caractéristique
f19	5	N de	N à	A		facteur de marche à chaud
f20	5	N à	A	N		soupape à deux sièges
f21	4	N à	N	A		chambre à pression variable
f22	11	N pr	N	A		corps en nickel fritté
f23	3	N	N de	N		ressort limiteur de pression
f24	2	N de la	N (-)	N		chambre du maître cylindre
f25	64	N de	N de	N		pompe d'injection de carburant
f26	7	N de	N de la	N		dispositif de mesure des quantités
f27	23	N de la	N de	N		circuit de l'huile de graissage
f28	4	N de la	N de la	N		prolongation de la durée de l'injection
f29	16	N de	N pr	N		signal d'enrichissement en carburant
f30	2	N à la	N de	N		comparaison à la valeur de consigne
f31	3	N pr	N de	N		branchement en série de résistances
f32	2	N	A de	N de N		quantité supplémentaire d'enrichissement d'accélération
f33	3	N	A de la	N de N		position angulaire du clapet d'étranglement
f34	2	N de	N de la	N	A	organe de commande des quantités injectées
f35	2	N de	N à	A	N	soupape de frein à deux circuits
f36	3	N de	N de	N de N		quantité de carburant d'enrichissement d'accélération
f37	4	N de	N de la	N de N		dispositif de mesure de la quantité d'air
f38	2	N de la	N de	N de N		mesure de la quantité d'injection de carburant
f39	3	N de la	N de la	N de N		modification de l'angle du clapet d'étranglement

(4) Übersetzung der Kompositumtypen D→F:

D→F	d01	d02	d03	d04	d05	d06	d07	d08	d09	d10	d11	d12	d13	d14	d15	d16	d17	d18	Okk
f01	14	3	4	1			1		2										25
f02	41	12	10	1	1	2	1		1							1			70
f03	1	2	9																12
f04	51	8	35	1															95
f05	17		2	1			1			1									22
f06	214	91	2	7	1	2	1		1										319
f07	55	4	2	4	1	1													67
f08	8					1	1												10
f09	1		3																4
f10	14	4	1																19
f11	5																		5
f12							1												1
f13	1		2						1	1									5
f14			1		3	2		2	1	1									10
f15	2	1							1										4
f16	2			6		3					1			1					13
f17	1							2											3
f18	1			1			4								1				7
f19	3								2										5
f20									5										5
f21				2			1												3
f22						5	2		3										10
f23	1			2															3
f24									1										1
f25	5	1		21	3	12	9		1			1				1			54
f26				1	2	2	1												6
f27	6			6			10												22
f28				2	1		1												4
f29		4		4	1														9
f30	1																		1
f31				1	1	1													3
f32														1			1		2
f33							2					1							3
f34							1									1			2
f35																		1	1
f36	1											1	1						3
f37				2		1						1							4
f38																			0
f39												2	1						3
f00	4	3		7	1	1	4	1	6			2		1	1			3	34
Okk	449	133	71	70	15	33	41	5	25	3	1	8	2	3	2	3	1	4	869

"f00" faßt die französischen NK-Typen mit nur einer Okkurrenz zusammen

(5) Übersetzung der Kompositumtypen F→D:

F→D	d01	d02	d03	d04	d05	d06	d07	d08	d09	—	d11	d12	d13	—	d17	d18	Okk
f01	2	2							1								5
f02	65	26	23	1					1						1		117
f03		2	7														9
f04	30		55	4	2				3								94
f05	4			1													5
f06	190	103	9	2	6		2	2	6								320
f07	35	5	2	1	1			2	1								47
f08	5	2															7
f10	10	1			1				1								13
f14		3			2		1										6
f15									1								1
f16	2		1			1					1	2					7
f17	1		1					1									3
f18												1					1
f21	1																1
f22			1														1
f25				4		3	2						1				10
f26				1													1
f27	1																1
f29	2	1		1	1	2											7
f00	2		1	2	1		2					1	3			1	13
Okk	350	145	100	17	14	6	7	5	14		1	4	1		1	1	669

"f00" faßt die französischen NK-Typen mit nur einer Okkurrenz zusammen

3.2.2. Gegenprobe: Der Typ f25 in F→D

Ausgangspunkt der Untersuchungen sind NK im deutschen Text. Für die kontrastive Analyse wurde der ihnen entsprechende französische Text herangezogen. Diese Methode umgeht zwar auf empirischem Weg die geschilderte Problematik der Definition französischer NK, hat aber zwei mögliche Nachteile: Erstens könnte sie auch französische syntagmatische Konstruktionen erfassen, die ansonsten nicht als Komposita bezeichnet würden (z.B. verbale Paraphrasen und Präpositionalphrasen). Zweitens wäre es möglich, daß französische Strukturen, die etwa nach dem Kriterium der Artikellosigkeit Komposita wären, nicht erfaßt werden, wenn im deutschen Text auch kein Kompositum gebildet wird. Eine Stichprobe soll daher zeigen, ob eine theoriegestützte, vom französischen Text ausgehende Definition von NK zu wesentlich anderen Ergebnissen geführt hätte. Aus verschiedenen Gründen wurde hierfür der NK-Typ f25 *(N de N de N)* ausgewählt: Erstens ist er der häufigste dreigliedrige Typ im Französischen, zweitens entspricht er der Definition französischer NK nach dem Kriterium der Artikellosigkeit, und drittens ist sein Anteil an allen NK je nach Übersetzungsrichtung sehr unterschiedlich: Er beträgt in D→F 6,2%, in F→D dagegen nur 1,5%.

Im französischen Text von D→F und F→D wurden alle *N de N de N*-Konstruktionen ermittelt und diejenigen eliminiert, die die Grenzen einer Konstituente überschreiten und daher weder als f25 in Frage kommen noch einem deutschen NK entsprechen können, wie

(6)	Dans le cas de moyens de traction tel que... (P15/36)	Im Falle eines Spannmittels... (*Im Spannmittelfall...)

In einigen Fällen kann auch die Determination eines der NK-Glieder durch ein Adjektiv der Grund dafür sein, daß im deutschen Text kein NK möglich ist, vgl.:

(7)	[...] des portions de semelle issues d'un stock de celle-ci selon une gamme d'angle d'inclinaison déterminé [...] (P19/7)	[Sohlenteile], welche von einem Lager entsprechend einem Bereich vorbestimmter Neigungswinkel genommen werden

Das deutsche Adjektiv kann hier nicht Kompositumglied werden, und eine Komposition der drei Glieder, die f25 entsprechen, ergäbe die Determination des falschen Glieds *(Bereich)*: **ein vorbestimmter Neigungswinkelbereich.*

Die wenigen verbleibenden f25 sind hier aufgelistet. Je nach Übersetzungsrichtung sind dies also entweder Fälle, in denen isolierte deutsche Formen zu f25 kondensiert wurden (D→F) oder Fälle, in denen f25 in analytische deutsche Formen aufgespalten wurden (F→D).

- In D→F nicht erfaßte f25 und ihr deutsches Äquivalent:

(8)	- [kein Äquivalent: Spezifizierung des Sachverhalts] (P03/13)	- élément de transmission de force
	- Bremsanlage von Kraftfahrzeugen (P09/57)	- équipement de freinage de véhicule
	- (bei dieser) Art einer Beschleunigungsanreicherung (P06/07)	- (dans ce) type d'enrichissement d'accélération
	- Verdampfungstemperatur des Salzes (P12/37)	- température de vaporisation de sel
	- die Abscheidung des Nickelhydroxids (P12/47)	- le dépôt d'hydroxyde de nickel

- In P13-23 (F→D) nicht erfaßte f25 und ihr deutsches Äquivalent:

(9)	- réalisations de chaussures de ski (P13/23)	- Ausführungsformen für Skischuhe
	- procédés de fabrication de chaussons (P17/06)	- Herstellungsverfahren von Innenschuhen
	- une partie de parois de chausson (P17/28)	- ein Teil der Innenschuhwand
	- un mélange de granules de PU (P17/34)	- eine Mischung von PU-Granulaten
	- (différents) jeux de portions de semelles (P19/07)	- (verschiedene) Spiele von Sohlenteilen
	- une paire d'embouts {de pointe | de semelle} (P19/17, 29)	- ein Paar von {Spitzenansatz-stücken | Sohlenansatzstücken}
	- le montage d'embouts de semelle (P19/18)	- die Montage von Sohlenansatzstücken
	- dans la zone de surface de marche (P19/44)	- im Bereich der Gehoberfläche
	- efforts de tenue de pied (P21/02)	- Haltekräfte des Fußes

Mindestens drei der deutschen Äquivalente weisen auf die Grenzen der deutschen Kompositumbildung hin, denn *Salzverdampfungstemperatur, Innenschuhwandteil* und *Sohlenteilspiele* wären von zweifelhafter Akzeptabilität.

Das Ergebnis dieser Gegenprobe zum NK-Typ f25 läßt vermuten, daß nur vernachlässigbar wenige Konstruktionen, die im Französischen als syntagmatische NK bezeichnet werden könnten, durch die von deutschen NK ausgehende Untersuchungsmethode nicht erfaßt werden.

3.2.3. Zur Relevanz der Übersetzungsrichtung

Die Patentschriften F→D enthalten insgesamt weniger NK als D→F und keine neuen NK-Typen. Einige NK sind zwar nicht in die gegebenen Klassen einzuordnen, dabei handelt es sich jedoch nur um einzelne *types*, die in der Statistik nicht berücksichtigt werden. Außerdem sind in F→D nicht alle NK-Typen vertreten: d10, d14-16, f09, f11-13, f19, f20, f23, f24, f28 und f30-39 kommen nicht vor. Diese Typen sind aber auch in D→F nur mit wenigen Belegen vertreten. Bemerkenswert ist allerdings das völlige Fehlen von viergliedrigen französischen NK in F→D; die wenigen viergliedrigen deutschen NK in F→D entstehen durch die Auflösung einer synthetischen französischen Form wie *embout* zu zwei deutschen NK-Gliedern (*-ansatzstück*):

(10)	embout de pointe de semelle	Sohlenspitzenansatzstück

Auch die dreigliedrigen NK sind in F→D schwächer vertreten: Sie bilden nur 6% aller NK gegenüber 20% in D→F. Dafür werden zweigliedrige NK und "eingliedrige" Substantive

(Simplex-Formen) bevorzugt. Es sei aber noch einmal darauf hingewiesen, daß französische NK immer ausgehend vom deutschen Text definiert sind. Aus den in Tabelle (11) genannten Werten folgt daher zunächst nur, daß die NK im deutschen Originaltext (D→) im Durchschnitt komplexer sind als im übersetzten deutschen Text (→D):

(11)

Komplexität nominaler Komposita	D→F		F→D	
	dt. NK	frz. NK	dt. NK	frz. NK
Paraphrase	-	3%	-	1%
Simplex	-	8%	-	18%
2-gliedrig	75%	64%	89%	73%
3-gliedrig	22%	20%	9%	6%
4-gliedrig	3%	2%	2%	-

Zur Veränderung der Komplexität: In beiden Übersetzungsrichtungen wird stärker expandiert als reduziert, d.h. zweigliedrige NK der Quellsprache werden öfter mit dreigliedrigen NK in der Zielsprache übersetzt als umgekehrt. Bei der Übersetzung F→D ist die Tendenz zur Expansion allerdings ausgeprägter:

- Die Mehrzahl der dreigliedrigen Typen d04, d05, d07, d08 und d09 stammt aus zweigliedrigen französischen Formen.
- 19% der zweigliedrigen deutschen NK in F→D sind aus Simplex-Formen expandiert. Dagegen sind nur 10% der zweigliedrigen deutschen NK in D→F zu französischen Simplex-Formen reduziert.[35]

Die weitere Untersuchung wird u.a. ergeben, daß die Gründe für die unterschiedliche Komplexität deutscher und französischer Komposita weniger im lexikalischen Bereich - wie an Beispiel (10) gezeigt - als bei den prädikativen NK und somit im syntaktischen Bereich liegen.

35 Ein möglicher Grund für die Expansion französischer Formen um ein weiteres Kompositumglied im Deutschen ist das Bedürfnis nach semantischer oder kontextueller Auffüllung (vgl. S. 54).

3.3. Prädikative Nominalkomposita im Übersetzungsvergleich

Wir orientieren uns zunächst an einer Definition von SELKIRK, um die zwei Arten von Komposita zu unterscheiden:

> One important subclass of compounds, which will be termed *verbal compounds*, displays a rather specific and grammatically characterizable range of semantic interpretations. For the rest, however, which we will call *nonverbal compounds*, it would seem that virtually any relation between head and nonhead is possible [...]. I will use the term *verbal compounds* to designate endocentric adjective or noun compounds whose head adjective or noun (respectively) is morphologically complex, having been derived from a verb, and whose nonhead constituent is interpreted as an argument of the head adjective or noun. By *argument* I mean an element bearing a thematic relation such as Agent, Theme, Goal, Source, Instrument, etc., to the head.[36]

Im Gegensatz zu SELKIRK und anderen Autoren, die sich bei der Klassifizierung der NK nur auf den Kopf (also im Deutschen auf das Hinterglied) beziehen,[37] werden wir auch auf NK mit prädikativem Nicht-Kopf genauer eingehen (Abschnitte 3.3.1 und 3.3.2). Anstelle von *verbal* und *nonverbal* sprechen wir von "prädikativ" und "nicht-prädikativ".[38]

Schema 1: *Klassifizierung nominaler Komposita*

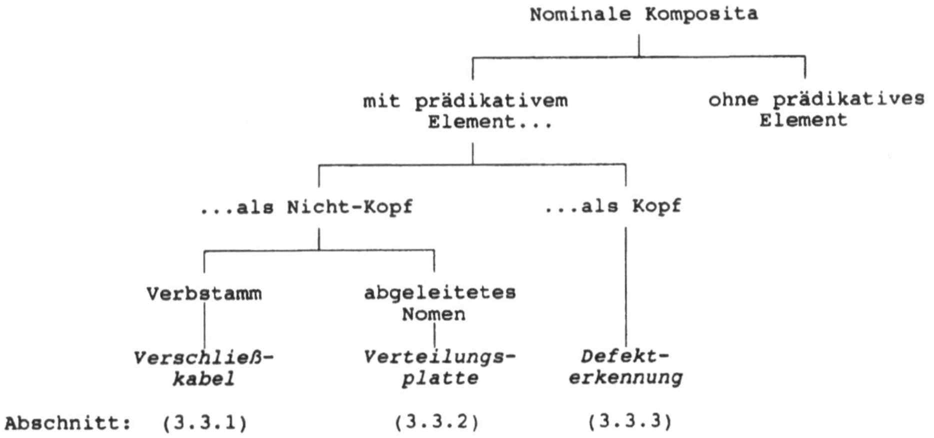

---

36 SELKIRK (1982:22f).

37 Abgesehen von Formen wie *pickpocket, daredevil*, die nicht als Prädikat-Argument-Strukturen interpretierbar sind, vgl. SELKIRK (1982:24ff).

38 In Arbeiten zu deutschen NK werden auch die Termini "relational" (z.B. BRESSON 1991) oder "rektional" (z.B. KÜRSCHNER 1974) gebraucht.

Prädikative Elemente des NK sind entweder abgeleitete (deverbale oder deadjektivische) Substantive oder verbale Elemente (Verbstämme). Prädikative Komposita sind so paraphrasierbar, daß eines ihrer Glieder Prädikat der Paraphrase ist. Ziel ist, für alle NK mit mindestens einem prädikativen Kompositumglied zu beschreiben, an welchen Positionen der Nominalphrase die Argumente des Prädikats realisiert sind. Diese Positionen liegen entweder innerhalb des Kompositums, d.h. die Argumente sind andere Kompositumglieder, oder außerhalb des Kompositums, d.h. die Argumente sind genitivische, präpositionale oder adjektivische Attribute. Diese Klassifizierung der NK verläuft also wie in Schema 1 dargestellt quer durch die bisher unterschiedenen Formklassen. Insgesamt sind mehr als die Hälfte aller NK prädikativ (819 *types* oder 53%). Jede der drei Klassen prädikativer NK wird in dem in Schema 1 angegebenen Abschnitt behandelt.

Auf die Auswirkung der Übersetzungsrichtung auf die Komplexität der NK haben wir bereits in Abschnitt 3.2.3 hingewiesen. Eine solche statistische Untersuchung wurde auch für die Opposition prädikativ *vs* nicht-prädikativ durchgeführt. Sie ergab deutliche Unterschiede sowohl hinsichtlich der Komplexität als auch bei einzelnen Formklassen. Bei den prädikativen NK besteht eine deutliche Tendenz zu komplexeren Formen:

- Prädikative NK: 23% der deutschen Formen und 19% ihrer französischen Entsprechungen sind dreigliedrig oder viergliedrig.
- Nicht-prädikative NK: 16% der deutschen Formen und 10% ihrer französischen Entsprechungen sind dreigliedrig oder viergliedrig.

Die Differenzen zwischen Deutsch und Französisch erklären sich aus den erwähnten allgemeinen Tendenzen zur Reduktion im Französischen und zur Expansion im Deutschen. Die Ergebnisse deuten darauf hin, daß im Bereich der Komplexität die beiden Faktoren Übersetzungsrichtung und Prädikativität miteinander verknüpft sind. Dies zeigen insbesondere die französischen viergliedrigen Komposita, die nur in Übersetzungen aus dem Deutschen vorkommen (d.h. bei der Übersetzung ins Deutsche werden nie mehr als drei Nomina zu einem NK kondensiert) und fast ausschließlich aus prädikativen NK stammen (nur vier nicht-prädikative Gegenbeispiele). Übersetzungsrichtung D→F und Prädikativität sind also zwei Faktoren, die die Komplexität von NK begünstigen.

Bei den französischen Formklassen zeigt sich ein deutlicher Einfluß der Prädikativität im Bereich der zweigliedrigen NK, und zwar in der Bevorzugung des NK-Typs f06 *(N de N)* gegenüber f04 *(N A)*:

- Prädikative NK: 51% der französischen Formen gehören zum NK-Typ f06, 3,5% zum NK-Typ f04.
- Nicht-prädikative NK: 30% der französischen Formen gehören zum NK-Typ f06, 22% zum NK-Typ f04.

Der NK-Typ f06 ist gleichermaßen für prädikative wie für nicht-prädikative Strukturen geeignet, denn sein "Zweitglied" *(de N)* kann entweder ein Konkretum determinieren (z.B. *huile de moteur*) oder Argument eines abgeleiteten Nomens sein *(mesure de temps)*. Dagegen ist der NK-Typ f04 mit seinem adjektivischen "Zweitglied" für Determinativkomposita prädestiniert. Allerdings kann er in Verbindung mit bestimmten Relationsadjektiven, die eine Argumentstelle besetzen, auch prädikativ sein, wie z.B.

(12)	der Funktionsablauf	le déroulement fonctionnel [= le déroulement de la fonction]

oder aber erweitert um ein Präpositionalattribut zum Teil einer prädikativen Konstruktion werden:

(13)	[ein Signal], das zur Nachregelung des Einspritzmengensteuergliedes einer elektronischen Steuereinheit zugeführt wird. (P07/01)	[un signal] qui est transmis à une unité de commande électronique pour la régulation corrective de l'organe de commande des quantités injectées

Kleine Unterschiede bestehen außerdem bei NK-Typ f25 *(N de N de N)*, der bei prädikativen Konstruktionen aufgrund deren Tendenz zu höherer Komplexität etwas stärker vertreten ist (5,7% gegenüber 2,7%), sowie bei NK-Typ f07 *(N de la N)*, der wider Erwarten bei nicht-prädikativen Konstruktionen häufiger ist (9,3%), wo er bevorzugt für die Teil-Ganzes-Relation steht *(piston de la pompe)*. Sein Anteil von 5,7% an den prädikativen NK widerspricht angesichts der hohen Zahl von f06-Formen der Auffassung, daß mit *de* artikellos an prädikative Nomina angeschlossene Argumente in der Regel determinierend sind. Dieser Widerspruch besteht aber nur bei den zweigliedrigen NK, die dreigliedrigen NK entsprechen der Erwartung mit 22 prädikativen Beispielen des Typs f27 *(N de la N de N)* gegenüber nur einem nicht-prädikativen.

Bei den einzelnen deutschen Formklassen ergibt die Unterscheidung nach der Prädikativität keine relevanten Differenzen, lediglich die in Abschnitt 3.3.1 behandelten Formen mit Verbstämmen sind natürlich fast ausnahmslos auf den prädikativen Bereich beschränkt.

3.3.1. Komposita mit Verbstamm

3.3.1.1. Methode der Beschreibung

Wir beginnen die Diskussion von NK mit prädikativem Element bei den Formen mit Verbstamm. Zum einen stellen sie einen im Korpus sehr häufigen NK-Typ dar, zum anderen sind sie - im Gegensatz zu den NK mit abgeleitetem Substantiv - fast grundsätzlich paraphrasierbar, d.h. in eine Konstruktion überführbar, in der der Verbstamm zum Verb und die übrigen Substantive der NP zu seinen Argumenten oder Modifikatoren werden.

Im Korpus verhältnismäßig selten sind die Fälle, in denen NK mit Verbstamm nicht paraphrasierbar und somit nicht prädikativ sind. Beispiele sind *Schnüffelbohrung, Kennfeld, Sprengring*. Hier besteht zwischen dem Erstglied, dem Kopf und eventuellen Attributen keine Prädikat-Argument-Relation:[39]

(14) das Kennfeld der Beschleunigungsanreicherung

a. *→die Beschleunigungsanreicherung kennt das Feld
b. *→das Feld kennt die Beschleunigungsanreicherung

Zwischen *Feld, Beschleunigungsanreicherung* und *Kenn-* bestehen nur nicht-thematische Relationen (z.B. Teilmengen- oder Determinationsrelationen). Solche NK sind lexikalisiert und in der Regel auch in den Fachlexika aufgeführt.

Dagegen ist bei prädikativ interpretierbaren NK die verbale Paraphrase möglich. Für die folgenden Beispiele wählen wir aus Gründen der Übersichtlichkeit Aussagesätze als Paraphrasen. Im Kontext müßten sie ihrer syntaktischen Umgebung angepaßt werden, z.B. als Relativsatz oder Passivsatz:

(15)	Überlauftank:	Tank_{SUB}	läuft über_{V}		
(16)	Haftfestigkeit:	$\_\_\__{SUB}$	haftet_{V}		mit einer Festigkeit_{MOD}
(17)	Einspritzmenge:	$\_\_\__{SUB}$	spritzt ein_{V}	Menge_{OBJ}	
(18)	Sintertemperatur:	$\_\_\__{SUB}$	sintert_{V}	$\_\_\__{OBJ}$	bei einer Temperatur_{MOD}
(19)	Einstellposition:	$\_\_\__{SUB}$	stellt ein_{V}	$\_\_\__{OBJ}$	auf eine Position_{MOD}

Diese Paraphrasen dienen uns als Kriterium für die Klassifizierung der Substantive in der Nominalphrase nach ihrer grammatischen Funktion. Wir unterscheiden Subjekte (SUB),

39 Prädikat-Argument-Relationen bezeichnen wir in Anlehnung an die oben zitierte Definition von SELKIRK auch als "thematische" Relationen. Nicht-Argumente bezeichnen wir auch als "Modifikatoren", sie sind Teil von "nicht-thematischen" Relationen.

Objekte (OBJ) und Modifikatoren (MOD). Subjekte und Objekte sind in der Paraphrase obligatorische Ergänzungen des prädikativen Elements (Argumente des Prädikats), Modifikatoren sind fakultativ und keine Argumente des Prädikats. Wir versuchen, durch kontextadäquate Umformungen die Problematik der Substantivvalenz von der Ebene der *langue* auf die der *parole* zu verschieben, da von Ergänzungsnotwendigkeit bei Substantiven höchstens auf der kommunikativen Ebene gesprochen werden kann.[40] *Überlauftank* ist außerdem ein Beispiel dafür, daß auch die korrekte grammatische Interpretation vieler NK nur im Kontext möglich ist: Isoliert betrachtet ziehen die meisten Sprecher die Interpretation "Tank, in den etwas überläuft" vor.[41] Erst der Kontext zeigt, daß Öl in den Überlauftank eingefüllt wird und "von da durch Überlaufen in den Einfüllbehälter fließt" (P05/17).

Die syntaktische Klassifizierung der Argumente in Subjekte und Objekte hat natürlich Nachteile, die bei einer Klassifizierung nach semantischen Rollen bisweilen vermeidbar wären. Dies zeigen Beispiele, in denen die Ergänzung des NK als Subjekt oder als Umstandsangabe (z.B. lokal) interpretierbar ist. So kann *Abstützzone* auf verschiedene Arten paraphrasiert werden:

(20) Auf diese Weise wird entsprechend der Verschiebung, die auf der Polsterung der hinteren Abstützung 29 vom Klemmstücketräger 26 und den Klemmstücken 27, 27' ausgeführt wird, eine progressive Veränderung der Volumina in der Abstützzone der Ferse und damit eine entsprechende Änderung der Einspannwirkung erreicht. (P13/65)

a. [...] in der Zone, die_{SUB} die $Ferse_{OBJ}$ abstützt [...]

b. [...] in der Zone, in der_{MOD} die $Ferse_{OBJ}$ abgestützt wird [...]

In Paraphrase (20a) wird der Lokativ in die Subjektposition bewegt. Geht man von einer Hierarchie der Rollen aus, so ist dies möglich, falls keine andere, "ranghöhere" Rolle vorhanden ist. Als obere Positionen einer Rollenhierarchie werden die Rollen mit dem Merkmal [+belebt] angesehen *(Agent, Beneficient, Experiencer)*. Da im Korpus fast keine menschlichen Einheiten vorkommen, steht die Subjektposition häufig für den Lokativ oder den Instrumental zur Verfügung. Stilistisch ist diese Möglichkeit der ansonsten nötigen Passivkonstruktion (20b) vorzuziehen, ebenso wie in Beispiel (21) mit Instrumental:

---

40 Vgl. z.B. SOMMERFELDT/SCHREIBER im Vorwort zum *Wörterbuch zur Valenz und Distribution der Substantive* (1983:31).

41 Befragt wurden Personen mit ingenieurwissenschaftlicher Ausbildung.

(21) Zwischen dem Innenschuh 6 und der hinteren Kappe 4 ist ein hinteres Abstützorgan 7 für den unteren Teil des Beines des Trägers eingefügt (P16/21)

a. ein Organ, das$_{SUB}$ den unteren Teil$_{OBJ}$ des Beines des Trägers abstützt

b. ein Organ, mit dem$_{MOD}$ der untere Teil$_{OBJ}$ des Beines des Trägers abgestützt wird

In den Fällen, in denen ein lokatives oder instrumentales Element wie in (21a) gezeigt die Subjektposition der Paraphrase einnehmen konnte, wurde es für die Statistik nicht als Modifikator, sondern als Subjekt gewertet.

Die Auswertung der Beispiele aus dem Korpus soll nun zeigen, wie innerhalb von Nominalphrasen, die ein NK mit prädikativem Element enthalten, die Argumente dieses Prädikats syntaktisch realisiert werden. Auf dieser Ebene wird es dann auch möglich sein, die Notwendigkeit der Ergänzung zu beurteilen. Für die Zählung der attributiv erweiterten NK ist relevant, daß sich die Tabellen der folgenden Abschnitte auf NK-*types* beziehen. Ein NK-*type* wird in der Statistik als attributiv erweitert geführt, wenn mindestens eines seiner *tokens* attributiv erweitert ist. Dies bedeutet also nicht, daß das betreffende NK grundsätzlich mit Attribut vorkommt. Häufig ist z.B. bei prädikativem NK mit mehreren Okkurrenzen, daß es bei Erstnennung oder allgemein am Textanfang attributiv erweitert ist und diese Erweiterung im weiteren Text fortfällt.

3.3.1.2. Tabellen: syntaktische Realisierung von Subjekt und Objekt

Das Korpus enthält 343 NK mit Verbstamm als Kompositumglied, davon in der Mehrzahl zweigliedrige, aber auch drei- und mehrgliedrige Formen.[42] Für die Tabellen (22) und (23) wurden die Nominalphrasen analysiert, die das NK enthalten. Als Argumente (Subjekt, Objekt) sind die Substantive gewertet, die als Argument des prädikativen Elements interpretierbar und paraphrasierbar sind.

(22)

<table>
<tr><th colspan="2">NK mit Verbstamm als Nicht-Kopf: syntaktische Realisierung des Subjekts</th><th>in D→F</th><th>in F→D</th><th>in D→F + F→D</th><th>Summe</th></tr>
<tr><td colspan="2">als Genitiv-Attribut</td><td>13</td><td>7</td><td>20</td><td>20</td></tr>
<tr><td rowspan="2">als Kompositum-glied</td><td>Erstglied</td><td>-</td><td>-</td><td>-</td><td rowspan="2">150</td></tr>
<tr><td>Kopf</td><td>87</td><td>63</td><td>150</td></tr>
<tr><td colspan="2">Subjekt nicht realisiert</td><td>85</td><td>88</td><td>173</td><td>173</td></tr>
</table>

42 Nach der formalen Klassifizierung sind dies die NK-Typen d02, d06, d07, d11, d14, d15, d16.

Tabelle (22): Das Subjekt kommt selten attributiv und dann ausschließlich als Genitiv-NP vor. Wenn es innerhalb des NK realisiert ist, nimmt es grundsätzlich die Position des NK-Kopfs ein. Subjekte sind also nie Erstglieder in dreigliedrigen NK mit Verbstamm.

(23)

<table>
<tr><th colspan="2">NK mit Verbstamm als Nicht-Kopf: syntaktische Realisierung des Objekts</th><th>in D→F</th><th>in F→D</th><th>in D→F + F→D</th><th>Summe</th></tr>
<tr><td rowspan="2">als Attribut</td><td>genitivisch</td><td>14</td><td>25</td><td>39</td><td rowspan="2">69</td></tr>
<tr><td>präpositional</td><td>9</td><td>21</td><td>30</td></tr>
<tr><td rowspan="3">als Kompositum-glied</td><td>Erstglied</td><td>17</td><td>3</td><td>20</td><td rowspan="3">46</td></tr>
<tr><td>Zweitglied</td><td>3</td><td>-</td><td>3</td></tr>
<tr><td>Kopf</td><td>18</td><td>5</td><td>23</td></tr>
<tr><td colspan="2">Objekt nicht realisiert</td><td>125</td><td>103</td><td>228</td><td>228</td></tr>
</table>

Tabelle (23): Das Objekt tritt bevorzugt als Attribut auf, und zwar etwas häufiger in F→D als in D→F, es kann aber auch Kompositumglied sein, entweder Kopf des NK oder bei dreigliedrigen NK auch Erstglied, in wenigen Fällen auch Zweitglied.

In 62 Fällen sind Subjekt und Objekt gleichzeitig in der NP enthalten, davon 35mal bei den zweigliedrigen NK (d02). In diesem Fall sind die Argumente immer auf ihre bevorzugten Positionen fixiert (Subjekt = Kopf, Objekt = Attribut). Eine so starre Verteilung der Subjekt- und Objektpositionen ist um so interessanter, als das verbale Element bei d02 nicht der Kopf der Struktur ist: In der Literatur zu den Komposita mit deverbalem Kopf[43] wird in der Regel ein Zusammenhang zwischen der Position des Kopfes und der Realisierung seiner Argumente innerhalb des NK hergestellt.[44] Dort werden allerdings nur die abgeleiteten Substantive als Beispiele für verbale Kompositumglieder in Nicht-Kopfposition angeführt. Die in d02 relevanten Verbstämme werden nicht diskutiert: OLSEN argumentiert mit *Schmuckräuber* vs. *Räuberauto* dafür, daß der Kopf für die Rollenzuweisung im Kompositum verantwortlich sei und daher nur *Schmuck-*, nicht aber *-auto* als Objekt des deverbalen *Räuber* interpretiert werden könne.[45] Die festgestellte starre Argumentverteilung bei den d02-Komposita kann ein erstes Indiz dafür sein, daß auch ein verbales Element an Nicht-Kopfposition strukturrelevant sein kann,

43 Vgl. für das Englische die *verbal compounds* bei SELKIRK (1982) und in Anlehnung an SELKIRK für das Deutsche die "Rektionskomposita" bei OLSEN (1986).

44 Z.B. die "Right-hand Head Rule" bei WILLIAMS (1981:248) und SELKIRK (1982:20).

45 OLSEN (1986:69). Das entsprechende Beispiel bei SELKIRK ist *pizza eater* bzw. *pizza devourer* (1982:28f).

indem es seine Argumentstruktur wie ein Kopf an die übergeordneten Konstituenten weitergibt. Prinzipiell sind verbale Erstglieder wie *Sinter-* mit einem Kopf kombinierbar, der entweder eine seiner Argumentpositionen sättigt (24a, b) oder einen Modifikator (eine Nicht-Argumentposition) enthält (24c).

(24)	a. Sintermaschine	(Subjekt)
	b. Sintermischung	(Objekt)
	c. Sintertemperatur	(Umstand)

Inwiefern es berechtigt ist, in bestimmten Fällen von Rektion durch das Erstglied zu sprechen, wird im folgenden Abschnitt sowie im Zusammenhang mit den deverbalen Nomina an Nicht-Kopf-Position (Abschnitt 3.3.2) diskutiert werden.

3.3.1.3. Diskussion der Beispiele

Wenn das Subjekt als Attribut auftritt, kann der Kopf des NK nur von einem Modifikator besetzt sein, da die Kombination von Objekt-Kopf und Subjekt-Attribut ausgeschlossen ist. In der Regel ist deshalb entweder das Erstglied einwertig, oder aber das Objekt (in diesem Fall die lokale Ergänzung) wird als weiteres Attribut angeschlossen:

(25)	Zweck dieser Kunststoffpartikel bzw. -fasern ist die Verbesserung des Zusammenhalts der aktiven Masse und auch eine Verbesserung der Haftfestigkeit der aktiven Masse am Masseträger. (P11/05)	le but de ces particules ou filaments synthétiques est l'amélioration de la cohésion de la masse active et également une amélioration de l'adhérence de la masse active au support de cette masse.

In der französischen Übersetzung von (25) wird mit *adhérence* auf die Nennung des Modifikators verzichtet, der auch im Deutschen redundant ist, da die Graduierung von *haften* nur aus dem Paradigma von *fest* stammen kann. Gemeinsam ist *Haftfestigkeit* und *adhérence* jedoch, daß sie normalerweise nicht ohne Ergänzung bleiben können. Daß der Verbstamm *Haft-* tatsächlich prädikativ zu interpretieren ist und nicht nur als Spezifizierung von *Festigkeit*, zeigt seine Nicht-Weglaßbarkeit, denn

(26) Verbesserung der [...] Festigkeit der aktiven Masse

verfälscht erstens den Inhalt (hier wäre "fest" eine Eigenschaft der Masse, nicht aber der Verbindung) und verhindert zweitens den Anschluß des Lokativs *am Masseträger*.

Bei den Fällen mit subjektivischem Kopf wie *Überlauftank* liegt dagegen ein einwertiges Prädikat vor, dessen einzige Argumentstelle (Subjekt) bereits innerhalb des NK besetzt ist. Eine weitere attributive Ergänzung ist daher nicht erforderlich:

(27) Dieser Kontrollbehälter weist in vorteilhafter Weise einen Überlauftank auf, an welchem die Ansaug- und Rücklaufleitungen der Hydraulikpumpe angeschlossen sind... (P05/17)	Ce réservoir de contrôle comporte avantageusement un trop-plein auquel sont raccordées les conduites d'aspiration et de refoulement de la pompe hydraulique...

Die verbleibende Möglichkeit für die Realisierung des Subjekts ist in dreigliedrigen NK die Position als Erstglied vor dem Verbstamm. Das Korpus enthält hierfür nur das Beispiel *Pumpenförderdruck.*

Das Objekt als Genitivattribut kommt in zwei Konstruktionen vor: mit und ohne Subjekt. In den subjektlosen Konstruktionen (28) und (29) hat der Kopf des NK Modifikatorfunktion:

(28) Ce rapprochement des branches illustré par les flèches (23) (24) de la figure 6, empêche ainsi l'échappement du câble durant la phase de mise en place de la clavette dans la lumière (P15/41)	Diese Annäherung der Schenkel 14, 15, die in Fig. 6 durch die Pfeile 23, 24 angedeutet wird, verhindert gleichzeitig auch ein Herausrutschen des Kabels 9 während der Einführphase des Haltekeils 12 in die Öffnung 13
(29) Un évidement 32 [...] s'étend verticalement dans le sens du déplacement du porte-cales 26 (P13/64)	Eine Vertiefung 32 [...] erstreckt sich vertikal in Verschieberichtung der Spanneinrichtung 26

Die Köpfe aller 22 Konstruktionen dieser Art werden in den Paraphrasen zu Lokal- oder Temporalangaben, z.B. in (29) *...in der Richtung, in die die Spanneinrichtung verschoben wird.* Bei der zweiten Möglichkeit sind beide Argumente des zweiwertigen Verbstamms realisiert, das Subjekt ist dann immer Kopf des NK:

(30) La demande de brevet allemande DE 3429237 décrit encore un autre principe de serrage du pied par déformation d'un bas de coque par la traction exercée sur des câbles passant par dessus les bords déformables de la fente du bas de coque au moyen d'un système de mise sous tension disposé sur le capot de recouvrement de la zone antérieure de la chaussure. (P14/8)	In der DE-OS 3429237 wird noch ein anderes Prinzip für das Festspannen des Fußes durch Deformation der Unterschale mittels des Zuges beschrieben, der auf die oberhalb der verformbaren Schlitzränder auf der Unterschale verlaufenden Schnüre bzw. Kabel durch ein auf der Abdeckkappe des vorderen Schuhbereiches angebrachtes Spannsystem aufgebracht wird.
(31) Cette disposition permet de diminuer l'effort de serrage dans la zone de l'avant-pied par rapport à la zone du cou-de-pied et ce, automatiquement, par action sur le dispositif de liaison mobile 14 qui est relié au câble 12 de fermeture de la tige 4. (P21/45)	Diese Anordnung erlaubt eine Verringerung der Festspannkraft im Vorderfußbereich im Verhältnis zum Spannbereich und dies automatisch durch Einwirkung auf die bewegliche Verbindungsvorrichtung 14, welche mit dem Verschließkabel 12 des Schaftes 4 verbunden ist.

Besonders an Beispiel (30) wird ersichtlich, daß neben der thematischen Relation zwischen Attribut und prädikativem Erstglied häufig auch eine weitere, nicht-thematische Relation zwischen dem Attribut und dem gesamten NK herstellbar ist. Die Kappe kann den Schuhbereich abdecken (thematische Relation: *Kappe* ist Subjekt), aber gleichzeitig auch Teil des vorderen Schuhbereichs sein (nicht-thematische Relation: *Kappe* ist Teil eines Ganzen). Der deutsche Genitiv und die französische *de*-PP können grundsätzlich beide Relationen bezeichnen. Eindeutig ist die thematische Relation nur dann, wenn die nicht-thematische Interpretation aus außersprachlichen Gründen ausgeschlossen ist. So ist in (32) eine Teil-Ganzes-Relation zwischen *Sperreinrichtung* und *Einfüllmaterial* unmöglich:

(32) Ce revêtement par la dimension de ses micro-perforations, constitue alors le moyen de dégazage de ladite cavité d'injection et le moyen d'arrêt du produit de remplissage sur la face correspondante du manchon de la chaussette. (P23/39)	Dieser Überzug stellt durch die Abmessung seiner Mikroperforationen die Entgasungseinrichtung des Einspritzungshohlraums und die Sperreinrichtung des Einfüllungsmaterials auf der entsprechenden Seite des Oberteils des Sockens dar.

Beim präpositionalen Objektattribut sind die syntaktischen Verhältnisse dieselben. Für den Fall mit Subjekt-Kopf sei auf *Abstützorgan* in (21) verwiesen, Modifikatorfunktion hat der Kopf in:

(33) In diesem Zusammenhang spielt die Abregelzeit für die Beschleunigungsanreicherung nur eine untergeordnete Rolle (P06/46)

Dans ce contexte, le temps de réglage en baisse de l'enrichissement d'accélération ne joue qu'un rôle secondaire

Besetzt das Objekt das Erstglied eines dreiwertigen NK, so ist der Kopf bei allen Beispielen das Subjekt zum verbalen Zweitglied. Wir haben es somit bei den dreigliedrigen NK mit einer ebenso strengen Verteilung der Argumente zu tun wie bei den zweigliedrigen NK mit Subjekt-Kopf und Objekt-Attribut. Die dreigliedrige Form ist dabei immer als eine weitere Stufe der Kondensation anzusehen, denn unabhängig davon, ob der Kopf Subjekt- oder Modifikatorfunktion hat, kann das Objektattribut des zweigliedrigen NK immer an die Erstgliedposition des dreigliedrigen NK rücken, wie die Umformungen der oben als (31) und (28) zitierten Beispiele zu (34b) mit Objekt-Erstglied und zu (35b) mit Modifikator-Erstglied zeigen:

(34) a. welche mit dem Verschließkabel des Schaftes verbunden ist
b. → welche mit dem Schaftverschließkabel verbunden ist

(35) a. während der Einführphase des Haltekeils
b. → während der Haltekeileinführphase

Auch innerhalb derselben Patentschrift kommt es vor, daß sich die Konstruktion erst mit dem Fortschreiten des Textes zum dreigliedrigen NK "verfestigt". Von den folgenden Beispielen stammt (36) aus der Darlegung des Stands der Technik am Anfang der Patentschrift, (37) dagegen aus dem Hauptteil, der technischen Beschreibung. Dabei folgt die deutsche Übersetzung möglicherweise dem Französischen, wo die engere syntaktische Verbindung durch den in (37) fehlenden Artikel vor *pied* markiert ist:

(36) La chaussure de ski décrite dans la demande citée ci-avant comprend des moyens de fermeture des parties constituant la tige sur le bas de jambe et des moyens de tenue du pied dans le bas de coque [...] (P21/3)

Der in der oben zitierten FR-OS beschriebene Skischuh weist Verschließeinrichtungen der den Schaft bildenden Teile auf dem unteren Beinteil und Halteeinrichtungen des Fußes in dem Schalenunterteil auf [...]

(37) depuis ces renvois d'angle 22, 22', chaque brin 25 et 26 est ensuite guidé dans la chaussure selon un parcours particulier pour assujettir le moyen de tenue de pied interne 10 et 10' (P21/28)

von diesen Winkelumlenkungseinrichtungen 22, 22' aus wird jeder Strang 25 und 26 anschließend in dem Schuh längs einer besonderen Bahn geführt, um die innere Fußhalteeinrichtung 10 und 10' [...] festzupressen

Die übrigen Realisierungsmöglichkeiten für das Objekt treten nur bei dreigliedrigen NK auf. Bei Objekt in Zweitgliedposition (nur drei Beispiele) handelt es sich in zwei Fällen nur um die Verbindung eines Determinativ-Kompositums aus einem Verb-Objekt-Typ wie in (39) mit einem weiteren Nomen (z.B. *Fördermengenkennlinie* = "Kennlinie der geförderten Menge"); im dritten Fall liegt wohl eine Unaufmerksamkeit bei der Formulierung des deutschen Textes vor:

(38)	Verfahren zum Steuern der Brennstoffzumessung für eine Brennkraftmaschine, bei dem ein elektrischer Wegaufnehmer für Kraftstoffeinspritzpumpen mit einem Einspritzmengenglied Verwendung findet (P07/29)	Procédé de commande de l'injection dosée du carburant pour un moteur à combustion interne, dans lequel on utilise un capteur de déplacement électrique pour des pompes d'injection de carburant comportant un organe de commande des quantités injectées

Zwischen *Glied* und *Einspritzmenge* besteht weder eine Teil-Ganzes-Relation noch eine thematische Relation, denn es gibt nur Signale an die Kraftstoffpumpe weiter, ohne selbst Kraftstoff einzuspritzen. Tatsächlich heißt das Teil im übrigen deutschen Text *Einspritzmengensteuerglied*, was auch das Hinzufügen von *commande* in der französischen Übersetzung erklärt, denn dann ist *-steuer-* das übergeordnete prädikative Element: "Glied, das die eingespritzte Menge steuert". Insofern ist dieses Beispiel ein Verstoß gegen die geforderte terminologische Konsistenz in der Patentbeschreibung.

Nur in zweigliedrigen NK erscheint das Objekt an Kopfposition. Hierfür enthält D→F den Großteil der Beispiele, die allerdings nicht als Sätze, sondern nur als partizipial attribuierte Substantive paraphrasierbar sind, z.B. *Rückmeldesignale* als *(zu)rückgemeldete Signale* im folgenden Satz:

(39)	[...] daß eine bei Startmengen-Freigabe ansprechende Prüfungsschaltung (19) vorgesehen ist, die [...] gleichzeitig durch Auswertung von Rückmeldesignalen feststellt, ob Einspritzungen erfolgen. (P04/103)	[...] caractérisé en ce qu'il est prévu un circuit de vérification (19), réagissant lors de la libération de la quantité de carburant au démarrage, ce circuit [...] constatant simultanément, par exploitation de signaux en retour, si des injections s'effectuent.

Der Anschluß eines Subjekts führt zu ungrammatischen Konstruktionen wie

(40) *die Rückmeldesignale durch den Schaltkreis

Da andere Argumente nicht realisierbar sind, sehen wir hier nicht in der Prädikativität, sondern in der Determination die primäre Relation zwischen den beiden NK-Gliedern.

Die stärkste Restriktion bei den NK mit Verbstämmen besteht also unabhängig von der Komplexität des NK für das Objekt des Prädikats an Kopfposition. Im folgenden Abschnitt wird diese Restriktion näher analysiert, wobei am Beispiel des Mitteilungswerts der einzelnen NK-Glieder gezeigt werden soll, daß wie in der Syntax auch im Bereich der Wortbildung Faktoren relevant sein können, die mit reiner Strukturbeschreibung nicht erfaßbar sind.

3.3.1.4. Die Bedeutung des Mitteilungswerts

Vor einer weiteren Analyse der Verteilung der Argumente in der Umgebung von d02 betrachten wir zunächst sein komplexeres Äquivalent, den Typ d06 *[N [V N]]*. Bei knapp der Hälfte der d06-Komposita sind die beiden Substantive als Subjekt und Objekt des verbalen NK-Glieds interpretierbar, wobei jedoch eine Diskrepanz zwischen theoretisch möglichen und tatsächlich realisierten Formen besteht: Das Korpus enthält nur Formen, bei denen das Erstglied Objektfunktion und der Kopf Subjektfunktion hat ("OVS-Formen", z.B. *Fußhaltesystem, Kraftstoffeinspritzpumpe, Ventilsperrglied*), obwohl theoretisch auch Komposita mit umgekehrter Argumentfolge konstruierbar sind ("SVO-Formen", z.B. *Pumpenfördermenge*). Auch eine Untersuchung von über 200 im *Dictionnaire des termes nouveaux des sciences et des techniques*[46] aufgeführten deutschen Komposita erbrachte kein Beispiel für ein d06-Kompositum in SVO-Form.

Die Beschränkungen, die bei der Bevorzugung von OVS-Formen gegenüber SVO-Formen eine Rolle spielen, sind bei den d06-Komposita offensichtlich nicht an die thematischen Rollen, sondern an die strukturellen Positionen innerhalb des Kompositums gebunden, denn für die Besetzung der Objektposition gelten im Erstglied von d06 andere Bedingungen als im Kopf. Welcher Art diese Beschränkungen sind, zeigen wir an den NK in (41), in denen wir das Subjekt *Pumpe* und das Prädikat *fördern* alternativ mit den Objekten *Menge* und *Kraftstoff* kombinieren:

(41) Pumpe$_{\text{SUB}}$ fördert ___$_{\text{OBJ}}$
  a. Kraftstoffförderpumpe
  b. ??Mengenförderpumpe
  c. Pumpenfördermenge
  d. *Pumpenförderkraftstoff

Das Subjekt oder das Objekt kann Kopf des NK sein. Bei der Besetzung der Objektposition stellen wir fest: *Menge* ist nur als Kopf möglich (41c), *Kraftstoff* nur als Erstglied (41a). Diese Verteilung erklärt sich aus dem Implikationsverhältnis zwischen dem

46 QUEMADA (1983).

Prädikat *fördern* und seinem Objekt: "fördern" impliziert immer eine Menge, aber nicht immer Kraftstoff.[47] Wir nehmen daher an, daß als Erstglied des NK nur nicht-präsupponierte Objekte toleriert werden (41a, b), als Kopf des NK dagegen nur präsupponierte Objekte (41c, d). Die gleichen Resultate ergeben sich auch bei Tests mit den übrigen verbalen Gliedern (z.B. *-einspritz-*). An einem weiteren Beispiel (42) wird deutlich, daß die Restriktion tatsächlich auf der Implikationsbeziehung zwischen Verb und Objekt beruht und nicht etwa an bestimmte Lexeme gebunden ist (denn *Menge* könnte z.B. in Erstgliedern von d06 grundsätzlich ausgeschlossen sein):

(42) a. <u>Mengen</u>meßsystem
b. ??<u>Wert(e)</u>meßsystem
c. Systemmeß<u>wert</u>
d. *Systemmeß<u>menge</u>

Gemessen werden immer Werte, aber nicht ausschließlich Werte aus Mengen, sondern auch aus Geschwindigkeiten, Strömen, Differenzen, usw. Hier ist also "Menge" nicht mehr Oberbegriff wie in (41), sondern ein Spezialfall von "Wert", nicht präsupponiert und daher als Erstglied realisierbar (42a) und als Kopf ausgeschlossen (42d).

Betrachten wir noch einmal Beispiel (41). Bei Abtrennung des Erstglieds erhalten wir d02-Komposita, ohne daß sich an der Beschränkung bezüglich der Objektposition etwas ändert:

(43) a/b. Förderpumpe
c. Fördermenge
d. *Förderkraftstoff

Übertragen wir diese Daten auf die Korpus-Beispiele für d02 mit objektivischem Kopf, stellen wir fest, daß auch hier die Forderung nach Gegenständen in Objektposition, die allgemein genug sind, um durch die Verbhandlung präsupponiert zu sein, erfüllt ist. Neben den bereits diskutierten Formen *Einspritzmenge, Fördermenge* und *Meßwert* gehören zu dieser Klasse:

- *Rückmeldesignal.* "Signal" kann als von "melden" impliziertes Objekt angesehen werden. Ebenso bei *Rückmeldegröße*, dem einzigen Beispiel für gleichzeitig realisiertes Subjektattribut ("die Rückmeldegrößen des Stellmotors", P10/10).
- *Sintermischung, Sinterkörper.* Sintern ist das Zusammenfügen pulverförmiger Materialien ("Mischungen") zu Körpern bei bestimmten Temperaturen und Drücken, z.B. zur Herstellung von Elektroden (wie in P12) oder Masseplatten von Akkumulato-

47 Bei Interpretationen von Umformungen, die nicht direkt am Korpus oder an anderen Texten belegbar sind, stützen wir uns auf Aussagen von Technikern oder Ingenieuren.

ren. Die Definition des Vorgangs enthält bereits die beiden Objekte, wobei "Mischung" als affiziertes und "Körper" als effiziertes Objekt anzusehen ist.

- *Nachfüllbehälter*. Das lokale Objekt von "nachfüllen" muß immer zur Klasse der Behälter gehören.

Da die implizierten Elemente einen geringen Mitteilungswert haben, "thematisch" sind, können wir aufgrund der Ergebnisse - allerdings vorerst nur auf die NK-Glieder Verb und Objekt bezogen - von einer durch das Prinzip des abfallenden Mitteilungswerts geregelten Abfolge der Glieder innerhalb des deutschen NK sprechen. Diesem Prinzip gehorchen auch zweigliedrige *N N*-Komposita, wenn sie mit einem Verbstamm zum d06-Kompositum erweitert werden: Eine geförderte oder zu fördernde Kraftstoffmenge kann daher mit *Kraftstoffördermenge*, nicht aber mit **Förderkraftstoffmenge* bezeichnet werden. Das thematische Element kann an der Kopfposition bleiben, das rhematische muß dagegen im Erstglied stehen. Das Prädikat spaltet das Kompositum also nach dem Mitteilungswert seiner Elemente auf. Ebenso bei *Nickelsinterelektrode* oder *Metallsinterkörper*, wo sich der hohe Mitteilungswert des Erstglieds aus der potentiellen Opposition zu anderen Erstgliedern ergibt, z.B. *Eisensinterelektrode*. Übrigens genügen auch NK, in denen das Implikationsverhältnis nicht zwischen verbalem Glied und Kopf besteht, dem Prinzip der Mitteilungsperspektive. Bei *Auspuffsammelrohr* wird "Rohr" von "Auspuff" impliziert. In der französischen Übersetzung kann dieses NK-Glied unberücksichtigt bleiben: *collecteur d'échappement*.[48]

Der Seltenheit der Verb-Objekt-Komposita gemessen an der Gesamtzahl der d02-Komposita steht ihre verhältnismäßig hohe absolute Frequenz gegenüber, d.h. wenige *types* treten häufig auf. Dies kommt daher, daß ihre Bildung weniger auf Determinierungsnotwendigkeit beruht als auf einem Bedürfnis nach "semantischer Auffüllung". Das Produkt des Sinterns im weiteren Text nur mit *Körper* zu bezeichnen ist aufgrund der geringen Intension dieses Wortes unbefriedigend. Es wird daher regelmäßig mit der Vorgangsbezeichnung zu *Sinterkörper* verknüpft, die im Text bereits thematisiert und daher nicht determinierend ist. Daraus erklärt sich auch die Tatsache, daß die theoretisch möglichen SVO-Formen in d06 nicht realisiert sind: Das Bedürfnis nach "Auffüllung" ist mit dem Hinzufügen eines Elements befriedigt, ein weiteres NK-Glied ist nicht notwendig. Mögliche Kontexte für SVO-Formen wie *Pumpenfördermenge* sind daher nur denkbar, wenn das Erstglied einen hohen Mitteilungswert hat, etwa wenn der Kontext eine Unterscheidung zwischen der von der Pumpe geförderten und einer zusätzlich eingespritzten Kraftstoffmenge verlangt: *Pumpenfördermenge* vs. *Zusatzeinspritzmenge*.

48 Das Beispiel stammt nicht aus dem Patentkorpus, sondern aus einem Lehrbuch zur Kfz-Reparatur mit mehrsprachigem Glossar (DESBOIS u.a., Band 1, 1984:211).

Aufgrund des hohen Mitteilungswerts des Erstglieds sind in solchen Fällen auch spezifischere Objekte wie *-kraftstoff* denkbar.[49]

Zusammenfassend stellen wir nach der Auswertung der Klassen d02 und d06 für deutsche NK mit verbalem Element fest:

- Im unmarkierten Fall wird das Subjekt des verbalen Kompositumglieds als Kopf realisiert. Das Objekt ist entweder Attribut (bei d02) oder Erstglied (bei d06).
- Im markierten Fall können Subjekt- und Objektpositionen vertauscht sein. Die Akzeptabilität solcher NK hängt mit dem Mitteilungswert dieser Positionen zusammen.

Das französische Äquivalent für prädikative d02 ist meist f06 (N_1 *de* N_2 mit deverbalem N_2), bisweilen auch f04 (*V A* mit attributivem Partizip für *A*) und nicht immer konsistent, z.B. bei den konkurrierenden Formen *quantité injectée* oder *quantité d'injection* für *Einspritzmenge*. Dem dreigliedrigen Typ d06 entspricht am häufigsten f25. Aufgrund der dargestellten Implikationsverhältnisse im deutschen Kompositum kommt es allerdings im französischen Text zu unterschiedlichen Konstruktionen, je nachdem, ob das implizierte Element mitübersetzt oder als redundant eingestuft wird. Die im Deutschen regelmäßige Verbindung zwischen Prädikat (Verbstamm) und Argument (Objekt) hat im Französischen keine Entsprechung, so wünschenswert sie im Hinblick auf terminologische Konsistenz auch wäre. So gibt es für *Kraftstoffördermenge* innerhalb desselben Texts vier französische Varianten:

(44)	Zur Vermeidung von Fördermengenstreuungen ist ein auf einer Fördermengenkennlinie der Kraftstoffeinspritzpumpe befindlicher Eichpunkt ansteuerbar, der vorzugsweise im Bereich der maximalen <u>Kraftstoffördermenge</u> liegt (P07/2)	Pour éviter les écarts entre quantités refoulées, un point d'étalonnage situé sur une caractéristique de débit de la pompe d'injection de carburant 1 peut être commandé. Ce point d'étalonnage est situé de préférence dans la région du maximum du <u>débit de carburant</u>
(45)	In der Fig. 2 ist auf einer Abszisse 20 der <u>Kraftstoffördermenge</u> Q der Kraftstofförderpumpe 1 [...] aufgetragen. (P07/23)	Sur la Fig. 2, on a porté sur l'axe des abscisses 20 le <u>débit de refoulement de carburant</u> Q de la pompe à carburant 1 [...]

49 Diese Bildungen sind eine Art prädikative Entsprechung der nicht-prädikativen Komposita, denen DEDERDING (1982a) die Funktion "Referenzspezifizierung" zusprach (s.o. S. 25). Auch sie haben ein rhematisches Erstglied.

(46)	Eine Fördermengenkennlinie ist mit 21 und ein vorzugsweise im Bereich der maximalen Kraftstoffördermenge liegender Eichpunkt auf der Fördermengenkennlinie ist mit E bezeichnet. (P07/24)	Une caractéristique de débit de refoulement est indiquée en 21 et un point d'étalonnage situé sur la caractéristique 21, de préférence dans la région du maximum du débit de refoulement, est désignée par E.
(47)	Zur weitgehenden Vermeidung von Fördermengenstreuungen der Kraftstoffeinspritzpumpe ist eine Zuordnung der Kraftstoffördermenge zum induktiven Wegaufnehmersignal erforderlich. (P07/25)	Pour supprimer dans la plus large mesure possible les écarts du débit de refoulement de la pompe d'injection de carburant, il est nécessaire de mettre la quantité de carburant refoulé en accord avec le signal du capteur de déplacement inductif.

Die Variante *débit de carburant* in (44) faßt die Handlung und das im Deutschen implizierte Element zusammen, denn ebenso wie *fördern* impliziert *débit* eine Menge.[50] Nicht übersetzt wird allerdings der Verursacher, denn *fördern* ist ein kausatives Verb, *débit* kann dagegen auch die Ortsveränderung einer Menge bezeichnen, die sich ohne äußere Einwirkung (z.B. allein durch Schwerkraft) vollzieht. *Débit de refoulement de carburant* in (45) bezeichnet daher - strenggenommen - die Komponente "Ortsveränderung" doppelt, in *débit de refoulement* (46) bleibt das spezifizierende Element "Kraftstoff" unübersetzt. Befragte französische Ingenieure bezeichneten die Struktur in (47) als die "klarste" und schlugen außerdem *carburant refoulé* als Alternative vor. Bei *quantité de carburant refoulé* sind die drei Elemente auch am eindeutigsten den deutschen Kompositumgliedern zuzuordnen.

3.3.2. Komposita mit prädikativem Nomen an Nicht-Kopf-Position

Ein in der Wortbildung allgemein anerkanntes Prinzip ist die Vererbung der syntaktischen Merkmale des Kopfs an die Gesamtkonstruktion. So vererbt sich bei den NK mit prädikativem Kopf dessen Argumentstruktur an das NK. Daß das Erstglied (oder allgemeiner ein Nicht-Kopf) eines NK seine Argumentstruktur an das NK vererbt, widerspricht dagegen den Prinzipien der Grammatik.[51] BOASE-BEIER/TOMAN diskutieren zwar auch die Möglichkeit der Rollenzuweisung durch Kompositumglieder

50 "Volume de liquide écoulé par unité de temps" (PETIT ROBERT, *débit* 4°).

51 Nach DISCIULLO/WILLIAMS (1987:Kap.3) sind syntaktische Regeln nicht auf einzelne Bestandteile von Wörtern anwendbar. Vgl. auch WUNDERLICH (1986:218ff), der in diesem Zusammenhang von "syntaktischen Inseln" spricht.

in Nicht-Kopf-Position,[52] klammern in ihrer Arbeit jedoch die *N N*-Komposita mit abgeleitetem Erstglied kurzerhand aus, indem sie Substantiven grundsätzlich eine Argumentstruktur absprechen.[53] Außerdem beschäftigen sich normative Grammatikbeschreibungen mit dem "falschen" Bezug von adjektivischen Attributen.[54] In den Patentschriften sind solche Konstruktionen allerdings selten. Ein Beispiel für eindeutigen Erstgliedbezug des Adjektivs fand sich in der deutschen Übersetzung:

(48)	En outre, dans le mode de construction présent du chausson, un renfort préformé tel qu'une coquille 6 est, en outre, rapporté sur l'extrémité du bout de la partie antérieure du manchon 3, par collage par exemple, pour préserver la zone correspondant au bout du pied du skieur des effets d'un ajustement trop étroit pouvant résulter de l'injection. (P23/72)	Bei der vorliegenden Ausführungsform des Innenschuhs ist eine vorgeformte Verstärkung wie z.B. eine Abdeckung 6 auf das Ende der Spitze des vorderen Teils des Oberteils 3 z.B. durch Klebung aufgebracht, um den Bereich entsprechend dem Ende des Fußes des Skiläufers vor zu engen Anpassungswirkungen, welche sich aus der Einspritzung ergeben können, zu bewahren.

Im Korpus weitaus häufiger ist die Attribuierung der NK durch Nominalphrasen im Genitiv und Präpositionalphrasen, die sich aber wie das Adjektiv in (48) auf das Erstglied des NK beziehen können. Für manche Sprecher sind z.B. die folgenden Kondensationen von Nominalphrasen (49a, 50a) zu NK-Konstruktionen (49b, 50b) von fragwürdiger Akzeptabilität. Der Erstgliedbezug ist eindeutig: Da das Attribut Argument des prädikativen Erstglieds ist, kann das Erstglied nicht wegfallen. (49c) und (50c) sind daher ungrammatisch:[55]

(49) a. die Ursache für den Absturz des Flugzeugs
b. ?die Absturzursache des Flugzeugs
c. *die [...]-ursache des Flugzeugs

52 BOASE-BEIER/TOMAN (1987) im Anschluß an LIEBER (1983) für das Englische.

53 "Because nouns are typically non-argument taking elements, we shall here disregard the first four combinations, i.e. those in which a noun is in the non-head position" (BOASE-BEIER/TOMAN 1987:45). Gemeint sind die vier Kombinationen *NV, NP, NA, NN*.

54 Für eine ausführliche Diskussion der Problematik adjektivischer Attribute mit Erstgliedbezug vgl. BERGMANN (1980) und SANDBERG (1984).

55 Diese und weitere Beispiele bei WUNDERLICH (1986:223ff).

(50) a. als Kriterium der Unterscheidung zwischen Phonologie und Phonetik
b. ?als Unterscheidungskriterium zwischen Phonologie und Phonetik
c. *als [...]-kriterium zwischen Phonologie und Phonetik

Das Patentkorpus enthält 270 NK mit abgeleitetem Nomen an Nicht-Kopf-Position. Fast die Hälfte dieser NK sind attributiv erweitert, so daß potentiell eine Prädikat-Argument-Relation zwischen Nicht-Kopf und Attribut möglich ist. Die weitere Untersuchung soll zeigen, ob in diesen Fällen - wie in den oben genannten Beispielen - tatsächlich ein reiner Bezug auf den Nicht-Kopf vorliegt oder ob das Attribut auch auf das gesamte NK bezogen werden kann.

3.3.2.1. Tabellen: Syntaktische Realisierung von Subjekt und Objekt

(51)

NK mit abgeleitetem Nicht-Kopf: syntaktische Realisierung des Subjekts		in D→F	in F→D	in D→F + F→D	Summe
als Attribut	genitivisch	6	6	12	13
	präpositional	1	-	1	
als Kompositum-glied	Erstglied	3	-	3	50
	Kopf	29	18	47	
Subjekt nicht realisiert		83	124	207	207

Tabelle (51): Bei 63 der 270 NK liegt ein Element vor, das bei Paraphrasierung die Subjektposition des aus dem Erstglied stammenden Prädikats einnimmt. Dieses Element ist Genitivattribut (12mal), Präpositionalattribut (1mal), Erstglied eines dreigliedrigen NK (3mal) oder Kopf des NK (47mal).

(52)

NK mit abgeleitetem Nicht-Kopf: syntaktische Realisierung des Objekts		in D→F	in F→D	in D→F + F→D	Summe
als Attribut	genitivisch	8	31	39	67
	Possessivpron.	1	3	4	
	präpositional	4	20	24	
als Kompositumglied (Erstglied)		32	7	39	39
Objekt nicht realisiert		73	91	164	164

Tabelle (52): Bei 106 NK ist das Objekt des abgeleiteten Nicht-Kopfs realisiert, 67mal attributiv und 39mal als Kompositumglied. Die Schnittmenge zwischen Subjekt- und Objektrealisierung ist mit 47 Fällen (27mal in D→F, 20mal in F→D) relativ groß. Das Subjekt wird also selten ohne das Objekt realisiert, das Objekt in etwa der Hälfte der Fälle ohne das Subjekt. Die Tabelle zeigt außerdem, daß bei der Realisierung von Subjekt und Objekt die Übersetzungsrichtung eine Rolle spielt. Für das Subjekt stellen wir in D→F eine leichte Bevorzugung der Kopfposition fest (29 Fälle gegenüber 18 in F→D). Das Objekt ist im deutschen Originaltext (D→) bevorzugt als Erstglied dreiwertiger NK realisiert, in der deutschen Übersetzung (→D) dagegen bevorzugt als Attribut. Die Besprechung der Beispiele wird den Zusammenhang zwischen beiden Tatsachen herstellen.

3.3.2.2. Diskussion der Beispiele

Der Einzelfall mit subjektivischem Präpositionalattribut ist *Ausfallwahrscheinlichkeit*. Das Beispiel wird durch die Tatsache kompliziert, daß hier auch der Kopf ein abgeleitetes Nomen (< *wahrscheinlich*) ist:

(53) Die Zuverlässigkeit des EDC-Sicherheitssystems wird erhöht, da sich durch die ergänzende ELAB-Überwachung die Ausfallwahrscheinlichkeit für das Gesamtsystem in entscheidendem Maße verringert. (P04/48)

la fiabilité du système de sécurité EDC est augmentée car, du fait de la surveillance complémentaire de l'ELAB, la probabilité de pannes pour l'ensemble du système est réduite dans une mesure décisive.

Da die *für*-PP weder von *Ausfall* noch von *Wahrscheinlichkeit* allein regiert werden kann, ist die Weglaßprobe wie in (49c) hier nicht anwendbar, denn *Wahrscheinlichkeit für...* ist nur mit Abstrakta (Sachverhalten), nicht aber mit Konkreta kombinierbar. Die Paraphrasemöglichkeiten in (54) zeigen jedoch, daß sich das präpositionale Attribut eindeutig auf das Erstglied *Ausfall* bezieht:

(54) a. die Wahrscheinlichkeit, daß das Gesamtsystem ausfällt
b. die Wahrscheinlichkeit für den Ausfall des Gesamtsystems

Für den deutschen Text ist anzunehmen, daß der Verfasser wegen der fraglichen Akzeptabilität von erstgliedbezogenen Genitivattributen wie in (49b, 50b) und beeinflußt durch die von *Wahrscheinlichkeit* normalerweise geforderte Präposition *für* auch beim NK die Anknüpfung mit *für* bevorzugt hat. In der Übersetzung wird dagegen die Präposition *pour* von keinem anderen Element gefordert; es wäre ebenso die Formulierung *la probabilité d'une panne de l'ensemble du système* möglich gewesen.

Bei mindestens dreigliedrigen Komposita kann das Subjekt auch in einem weiteren Nicht-Kopf-Glied ausgedrückt sein. In allen Beispielen aus dem Korpus ist das Prädikat einwertig und folgt als Zweitglied seinem Subjekt. Beim Kopf dieser NK handelt es sich entweder um Konkreta, die gleichzeitig Umstandsangabe zum Prädikat sind ("Raum, in dem die Pumpe arbeitet"),

(55)	Bei dem in Fig. 1 dargestellten Schaltplan ist sehr vereinfacht eine Kraftstoff-einspritzpumpe mit einem Pumpenkolben 1 und einem Pumpenarbeitsraum 2 dargestellt ... (P10/25)	Le plan de câblage de la figure 1 représente une pompe à injection très simplifiée avec un piston de pompe 1 et une chambre de travail 2 de la pompe ...

oder der Kopf ist ebenfalls prädikativ und dem Prädikat im Zweitglied syntaktisch übergeordnet. Dann entspricht das Zweitglied dem Prädikat eines abhängigen Nebensatzes: "Überprüfung, ob der ELAB funktioniert" in (56) bzw. bei der agentivischen Nominalisierung in (57) "Ein Objekt, das fühlt, ob die Nadel sich bewegt":

(56)	Der Grundgedanke vorliegender Erfindung besteht darin, zur ELAB-Funktionsüberprüfung während des Betriebs der Brennkraftmaschine eine kurzzeitige Mengenabschaltung [...] vorzunehmen. (P04/62)	Le concept de base de la présente invention est de procéder en vue de la vérification du fonctionnement de l'ELAB pendant la marche du moteur à combustion interne [...]

(57) Nach dieser "Ansteuerung" des ELAB wird geprüft, ob ein als Rückmeldeelement vorhandener Nadelbewegungsfühler NBF Impulse liefert, was bedeutet, daß Kraftstoff eingespritzt wird. (P04/71)

Après cette "commande" de l'ELAB, on contrôle si un détecteur de déplacement du pointeau NBF, prévu en tant qu'élément d'information en retour, délivre des impulsions, ce qui signifie que le carburant est injecté.

Hinsichtlich der Möglichkeit, dieses Erstglied als Genitivattribut anzuschließen, verhalten sich die Beispiele allerdings unterschiedlich. Bei *ELAB-Funktionsüberprüfung* führt die Umformung zu einer ambigen Konstruktion (58b), denn *ELAB* als Genitivattribut kann gleichermaßen als Objekt zu *Überprüfung* und als Subjekt zu *Funktion* interpretiert werden. In solchen Fällen sprechen wir mit FABRICIUS-HANSEN von "Doppelbezug"[56]. Bei *Nadelbewegungsfühler* (58c) ist die Umformung ungrammatisch:

(58) a. Pumpenarbeitsraum → Arbeitsraum der Pumpe
b. ELAB-Funktionsüberprüfung → ??Funktionsüberprüfung des ELAB
c. Nadelbewegungsfühler → *Bewegungsfühler der Nadel

Die verbleibende Alternative ist die vollständige Auflösung der Konstruktion analog zur französischen Übersetzung. Sie ist allerdings nur für *ELAB-Funktionsüberprüfung* (59b) akzeptabel:

(59) a. Pumpenarbeitsraum → *Raum der Arbeit der Pumpe
b. ELAB-Funktionsüberprüfung → Überprüfung der Funktion des ELAB
c. Nadelbewegungsfühler → *Fühler der Bewegung der Nadel

Der Funktionsumfang des deutschen Genitivs ist also im Vergleich zur französischen *de*-PP wesentlich beschränkter: In (59a) vermag der Genitiv nicht die lokale Relation auszudrücken, und als Genitivattribut von Agensnominalisierungen ist kein Abstraktum möglich (59c).

Kommen wir nun zu den Beispielen für NK mit Genitivattribut in Subjektfunktion zum Erstglied. In Übereinstimmung mit den Daten in (58) sind die Köpfe dieser NK nicht abgeleitet, z.B. *-zeit, -oberfläche*:

(60) Diese geringe Bewegung des Pumpenkolbens 12 ist notwendig, daß er im Sommer, also zur Stillstandzeit der Pumpe, nicht festbackt. (P02/54)

Ce faible mouvement du piston 12 est nécessaire pour éviter qu'il ne se bloque en été, c'est-à-dire quand la pompe est arrêtée.

56 FABRICIUS-HANSEN nennt als Beispiele für Doppelbezug *Schutzbedürfnis der Demokratie, Mischungsverhältnis von Natur und Gesellschaft, Nutzenbewertung der Produktion* (1990:35).

(61)	[...] comporte des moyens de coopération complémentaires auxdits moyens de retenue et orientés selon un angle de calage ß par rapport au plan de la surface de contact de l'embout avec le ski, différent de l'angle d'orientation α. (P19/13)	[...] Zusammenwirkungseinrichtungen aufweist, welche komplementär zu den Halteeinrichtungen sind und längs eines Einstell- bzw. Keilwinkels ß im Verhältnis zur Ebene der Berührungsoberfläche des Ansatzstückes mit dem Ski, welcher vom Orientierungswinkel α verschieden ist, ausgerichtet sind.

Einziges Gegenbeispiel - also abgeleiteter Kopf mit prädikativem Erstglied und subjektivischem Genitivattribut - ist die im Deutschen ebenso wie (58b) ambige Doppelbezug-Variante:

(62)	[...] daß die Funktionsüberprüfung des Sicherheits-Abschaltventils (ELAB) im Moment der Startmengen-Freigabe durch das EDC-Steuergerät erfolgt [...] (P04/9)	[...] que la vérification du fonctionnement de la soupape d'arrêt de sécurité (16) au moment de la libération de la quantité de carburant de démarrage, s'effectue par l'intermédiaire de l'appareil de commande (10) [...]

Die letzte Möglichkeit für die Realisierung des Subjekts ist die Position "Kopf des NK". Diese Variante bildet gleichzeitig den Übergang zur Diskussion der möglichen Objektpositionen, denn das Objekt ist in diesen Fällen regelmäßig realisiert: entweder als Attribut (Genitiv-NP oder PP) eines zweiwertigen NK oder als Erstglied eines dreigliedrigen NK. Die dreigliedrigen NK mit Subjekt-Kopf sind wesentlich häufiger (34 der 46 Fälle). Zunächst zwei Beispiele für zweiwertige NK mit Attribut:

(63)	eine Feder (11) [...], die bestrebt ist, den Träger (9) [...] auf einen Ventilsitz (27') an einer Aufnahmebohrung (27) für den Betätigungsstößel (10) zu drücken (P08/80)	un ressort (11) qui a tendance à presser le support (9) [...] contre un siège (27') formé dans un alésage (27) recevant le poussoir de commande (10)
(64)	[...] relatifs à des moyens d'orientation du pied par modification de l'orientation de la tige par rapport à la surface du ski (P19/5)	[...] welche sich beziehen auf Orientierungseinrichtungen des Fußes durch Modifikation der Orientierung des Schaftes im Verhältnis zur Skioberfläche

Der Test "Ellipse des Erstglieds" zeigt, daß bei dem präpositionalen Attribut in (63) Doppelbezug vorliegt, bei dem Genitivattribut in (64) dagegen reiner Erstgliedbezug:

(65) a. Bohrung für den Betätigungsstößel
b. *Einrichtungen des Fußes

Die Präposition *für* spielt dabei eine ähnliche Rolle wie der deutsche Genitiv oder frz. *de*. Sie ist semantisch weitgehend entleert, und die leichte finale Nuance prädestiniert sie für den Anschluß erstgliedbezogener Objekte. Bei anderen Präpositionen ist der Erstgliedbezug eindeutiger, insbesondere wenn das prädikative Erstglied die Präposition des Präpositionalattributs bestimmt, wie bei *Verbindung-* und *mit* im folgenden Beispiel:

(66) En effet dans cette position, après avoir débloqué les organes de serrage 7, le skieur peut faire pivoter librement le capot postérieur 5 vers l'arrière, sans que le mécanisme de liaison avec la cassette d'énergie 8 soit sollicité. (P22/68)

Im Endeffekt kann in dieser Schaftlage der Skifahrer, wenn er die Spannorgane 7 gelöst hat, die hintere Kappe 5 frei nach hinten klappen, ohne daß der Verbindungsmechanismus mit der Energiekassette 8 aktiviert wird.

Interessanterweise stammen die Konstruktionen mit Genitivattribut nicht aus den deutschen Originaltexten (D→), sondern ausschließlich aus den Übersetzungen (→D). Weitere Beispiele sind:

(67) [...] comporte au moins un logement 9 ménagé dans son épaisseur et recouvert partiellement par une plaque 10 de répartition des contraintes d'appui (P16/27)

[...] weist mindestens eine Ausnehmung bzw. Kammer 9 auf, welche in seiner Stärke ausgenommen ist und teilweise durch eine Verteilungsplatte 10 der Abstützbelastungen abgedeckt ist

(68) [...] caractérise en ce que l'enveloppe extérieure (1) du chausson est pourvue [...] d'un élément de renforcement (19) de sa paroi (P23/119)

[...] dadurch gekennzeichnet, daß der äußere Umschlag (1) des Innenschuhs [...] mit einem Verstärkungselement (19) seiner Wand versehen ist

(69) La présente invention est relative aux chaussures pour la pratique du ski alpin et concerne plus particulièrement un dispositif de calage du talon du pied de l'utilisateur dans ces chaussures. (P16/4)

Die vorliegende Erfindung betrifft Stiefel zum alpinen Skifahren und insbesondere eine Verkeilungsvorrichtung der Ferse des Fußes des Benutzers in diesen Stiefeln.

Bei einem Teil dieser stilistisch fragwürdigen Übersetzungen schließt der Kontext Fehlinterpretationen aus, wie in (69), wo die Vorrichtung nicht Teil der Ferse sein kann. In (68) ist dagegen durchaus das Mißverständnis möglich, daß das Verstärkungselement ein Teil der Wand ist. Abgesehen von der lockereren Anknüpfung des Arguments als Präpositionalattribut mit *für* wie in (63) stünden dem Übersetzer hier drei weitere Möglichkeiten zur Verfügung, um diese Stil- und Verständnisprobleme zu beseitigen:

- Die Komposition anderer als der beiden ersten Substantive der französischen NP, so daß das prädikative Element zum Kopf des Kompositums wird, z.B. *mit einem Element zur Wandverstärkung* für (68).
- Die weitere Kondensation zum dreigliedrigen Kompositum, so daß das prädikative Element hinter sein Objekt-Argument an die Position des Zweitglieds rückt, z.B. *Wandverstärkungselement.*
- Verzicht auf Komposition, also Beibehaltung der französischen Syntax. Diese Option wäre z.B. in (69) angezeigt, da hier eine sinnvolle Komposition aufgrund der Aneinanderreihung mehrerer Genitive kaum möglich ist, wie die Umformungen in (70) zeigen:

(70) dispositif de calage du talon du pied de l'utilisateur...

a. Vorrichtung zur Verkeilung der Ferse des Fußes des Benutzers...
b. ?Verkeilungsvorrichtung der Ferse des Fußes... (=69)
c. ?Vorrichtung zur Fersenverkeilung des Fußes...
d. ?Vorrichtung zur Fußfersenverkeilung des Benutzers...

Die zweigliedrigen NK mit Subjekt-Kopf und Objekt-Attribut sind also in der Regel Beispiele für schlechte Übersetzungen. Sie zeugen einerseits von mangelnder Sorgfalt bei der Auswahl derjenigen Substantive einer NP, die zu einem Kompositum zusammengefügt werden, widerlegen aber andererseits auch die verbreitete Auffassung, komplexere Komposita seien unverständlicher, denn gerade die dreigliedrige Form kann die eindeutige Zuordnung von syntaktischer Position und grammatischer Funktion ermöglichen.

Bezüglich der Objektrealisierungen haben wir - zunächst im Zusammenhang mit Subjekt-Köpfen - bereits Beispiele mit Präpositionalattribut wie in (63) und mit Genitivattribut wie in (64) besprochen. Die Realisierung von Objektattributen ist allerdings nicht an die Nennung des Subjekts gebunden:

(71)	Ladite chaussette est introduite dans l'enveloppe extérieure à laquelle elle est reliée par tout procédé connu, tel que par collage, couture, soudure, etc. sur le pourtour de l'<u>ouverture d'introduction du pied</u> dans la partie supérieure du chausson (P23/23)	Der Socken wird in den äußeren Umschlag eingeführt, mit welchem er durch irgendein bekanntes Verfahren verbunden ist, wie z.B. durch Kleben, Nähen, Schweißen usw. auf dem Umfang der <u>Einführungsöffnung des Fußes</u> in den oberen Teil des Innenschuhs

(72)	La figure 4 est une vue en coupe selon IV-IV de la figure 2 et représente le détail du profil des canaux d'injection du produit de remplissage. (P23/55)	Fig. 4 [zeigt] eine Schnittansicht längs IV-IV der Fig. 2, wobei das Profil der Einspritzungskanäle des Füllungsmaterials dargestellt ist
(73)	[...] et ils s'étendent parallèlement l'un à l'autre vers le bas jusqu'à leurs points de fixation sur le bloc d'ancrage (14) (P22/102)	[...] und daß sie sich parallel zueinander bis zu ihren Befestigungspunkten am Verankerungsblock (14) nach unten erstrecken
(74)	Quels que soient les modes de liaison du câble avec le levier que nous venons de citer [...] (P18/8)	Wie auch immer die Befestigungsart für das Kabel unter den vorstehenden angeführten gewählt ist [...]

Bemerkenswert an Beispiel (71) ist, daß der Übersetzer nicht nur das Objekt *du pied*, sondern auch die Ortsangabe *dans la partie supérieure...* eindeutig auf das Prädikat "einführen" bezieht, indem er sie mit dem Akkusativ als Richtungsangabe markiert (*in den oberen Teil*). Der französische Text und auch der beschriebene Sachverhalt hätten ebensogut den Bezug auf den Kopf des NK, also *Öffnung*, und somit die Dativkonstruktion zugelassen (*im oberen Teil*). Mit Objekt und Ortsangabe liegen hier also gleich zwei auf das Erstglied bezogene Elemente vor. In allen vier Beispielen hat der Kopf die Funktion einer Umstandsangabe, z.B. für (72) "Kanäle, durch die das Füllungsmaterial eingespritzt wird" oder für (74) "Art, auf die das Kabel befestigt wird". Beispiel (73) belegt das Possessivpronomen als prinzipiell mögliche, aber im Korpus selten genutzte Alternative zum Genitivattribut, sowie als prädikatives Erstglied aus einer dreiwertigen Basis mit fakultativer Ortsergänzung *(am Befestigungsblock)*.

Die zahlreichen Beispiele für dreiwertige NK dieses Typs (also mit Objekt als Erstglied, Prädikat als Zweitglied und Subjekt als Kopf) stammen erwartungsgemäß überwiegend aus den deutschen Originaltexten (31 Belege aus D→F gegenüber 3 aus F→D):

(75)	Zur Einbeziehung weiterer Betriebsbedingungen kann im Notsteuerzweig eine Minimalwert-Auswahlschaltung vorgesehen sein. (P04/11)	Pour l'introduction d'autres conditions de fonctionnement, il peut être prévu sur la branche de commande d'urgence, un circuit de sélection de valeur minimale.
(76)	[...] pour être adapté à des chaussures de ski à coque rigide du type comportant des dispositifs de tenue de pied interne (P23/46)	[...] daß er an Skischuhen mit starrer Schale der Bauart angepaßt ist, welche innere Fußhalterungsvorrichtungen aufweist

(77) [...] caractérisée par le fait qu'à l'élément souple (10) enveloppant l'avant pied, est associée une plaque de répartition des efforts (12) (P20/46)

[...] dadurch gekennzeichnet, daß dem biegsamen Element (10), welches den Vorderfuß umgibt, eine Kräfteverteilungsplatte (12) zugeordnet ist

(78) [...] unter gleichzeitiger Einprägung von Gasabführungsrillen (P12/42)

[...] avec impression simultanée de rainures d'évacuation de gaz

Die häufigsten französischen Entsprechungen sind die Typen f25 und f26 *(N de N de N* und *N de N de la N)*. Andere Typen sind möglich, wenn die Argumentstruktur des prädikativen Zweitglieds bei der Übersetzung verändert wird. In (79) wird die im Französischen normale Subjekt-Verb-Objekt-Abfolge aufgegeben und das deutsche Objekt *Leerlauf* durch die Angabe *en marche à vide* ersetzt:

(79) In diesem linken Zweig befindet sich [...] der Leerlaufregelungsblock [...] (P04/84)

Dans cette branche gauche, se trouvent [...] le bloc de régulation en marche à vide [...]

Auch in den dreigliedrigen NK kann das prädikative Zweitglied eine Agensnominalisierung sein. Das Subjekt ist dann eigentlich doppelt realisiert: als Kopf und als das *er*-Suffix des Zweitglieds. Die typische Übersetzung dieser Konstruktionen ist f23 *(N N de N)* mit asyndetischem Anschluß des zweiten Nomens:[57]

(80) [...] über die Spannungsteilerschaltung R1 und R2 [...] (P06/50)

[...] par l'intermédiaire du montage diviseur de tension constitué par des résistances R1 et R2 [...]

(81) Startzählerblock (P04/80)

bloc compteur de démarrages

Das Korpus enthält ausschließlich "OVS-Formen" (Objekt-Verb-Subjekt), denn im Gegensatz zum Typ d06 (dreigliedrige NK mit Verbstamm als Zweitglied), bei dem SVO-Formen zumindest theoretisch möglich sind, sind SVO-Formen mit deverbalen Nominalisierungen generell ungrammatisch:

---

57 Ansonsten sind die asyndetischen französischen *N N*-Verbindungen - wie auch WOLF (1990) bemerkt - in der technischen Fachsprache ausgesprochen selten. Thesen für eine zunehmende Beliebtheit dieses Typs scheinen nur für bestimmte Varietäten des Französischen gültig zu sein. Für eine ausführliche Darstellung vgl. NOAILLY (1990).

(82) a. Lufterzeugungsanlage → *Anlagenerzeugungsluft
b. Kräfteverteilungsplatte → *Plattenverteilungskraft
c. Fußsohlenabstützungssohle → *Sohlenabstützungsfußsohle

Entsprechend selten ist auch die Realisierung des Subjekts als Erstglied dreigliedriger NK. Das Korpus enthält neben *Pumpenarbeitsraum* in (55) nur ein weiteres Beispiel:

(83)	Die beiden Federn 24 und 25 sind in Druckwechselkammern 28 und 29 angeordnet [...] (P09/37)	Les deux ressorts 24 et 25 sont logés dans des chambres à pression variable 28 et 29 [...]

Die Erstglied-Position ist für das Subjekt also nur bei einwertigen Prädikaten im Zweitglied zugänglich (wie *Wechsel*). Der Kopf kann im Verhältnis zum Zweitglied nicht Argument, sondern nur Modifikator sein ("Kammern, in denen der Druck wechselt") oder selbst ein Prädikat, das dem Zweitglied übergeordnet ist, wie in den Beispielen (56, 57).

3.3.3. Komposita mit prädikativem Nomen als Kopf

Bei 209 NK ist der Kopf das prädikative Element. Sie entsprechen dem "Normalfall" der Grammatik, nach dem der Kopf zusammen mit anderen Merkmalen auch seine Argumentstruktur an das Kompositum weitergibt. Ein Argument kann als Attribut realisiert sein und sich auf das gesamte Kompositum beziehen, wie in *Ofentrocknung des Innenschuhs*. Es handelt sich dann um ein Determinativkompositum mit Umstandsangabe als Erstglied, und zwischen den Kompositumgliedern besteht eine nicht-thematische Relation. Eine thematische Relation liegt vor, wenn die Erstgliedposition des NK durch ein Argument seines Kopfs besetzt ist, entweder durch das Subjekt *(Programmablauf)* oder durch das Objekt *(Fehlermeldung)*. Das Theta-Kriterium schließt aus, daß ein Kopf an zwei Elemente dieselbe thematische Rolle vergibt. Daß dieses Prinzip für NK unter bestimmten Umständen durchbrochen werden kann, zeigen Beispiele wie *ein Gewichtheber schwerer Gewichte* bei FABRICIUS-HANSEN.[58] Das Korpus enthielt nur Beispiele wie:

58 FABRICIUS-HANSEN (1990:15).

(84) Die erfindungsgemäße Kraftstoff-einspritzanlage [...] hat demgegenüber den Vorteil, daß eine unmittelbare Mengenmessung der den Entlastungs-kanal durchströmenden Entlastungs-menge erfolgt... (P10/12)

Le système d'injection de carburant selon l'invention est caractérisé en ce qu'il est produit une mesure de la quantité de décharge...

Hier ist das Objekt sowohl als Erstglied als auch als Attribut realisiert. Bei diesen Beispielen handelt es sich allerdings um Einzelfälle, die nur akzeptabel sind, wenn die Zweitnennung des Arguments weiter determiniert ist, wie durch *schwer* im Beispiel von FABRICIUS-HANSEN und *Entlastung* in (84).

3.3.3.1. Tabellen: Syntaktische Realisierung von Subjekt und Objekt

(85)

NK mit abgeleitetem Kopf: syntaktische Realisierung des Subjekts		in D→F	in F→D	in D→F + F→D	Summe
als Attribut	genitivisch	5	2	7	9
	präpositional	1	1	2	
als Kompositumglied		11	-	11	11
Subjekt nicht realisiert		140	49	189	189

Tabelle (85): Die Subjektstelle des Kopfs ist nur bei 20 NK realisiert, 7mal als Genitiv-Attribut, 11mal als Kompositumglied und nur zweimal als *durch*-PP. Fast alle Beispiele stammen aus D→F.

(86)

NK mit abgeleitetem Kopf: syntaktische Realisierung des Objekts		in D→F	in F→D	in D→F + F→D	Summe
als Attribut	genitivisch	14	15	28	29
	präpositional	1	-	1	
als Kompositumglied		111	20	131	131
Objekt nicht realisiert		35	14	49	49

Tabelle (86): Wesentlich häufiger als bei den NK mit abgeleitetem Nicht-Kopf steht bei NK mit abgeleitetem Kopf das Objekt des Prädikats (160 Beispiele). Es ist in 22% dieser Fälle als Genitivattribut, nur einmal als Präpositionalattribut und ansonsten als Kompositumglied realisiert.

3.3.3.2. Diskussion der Beispiele

Betrachten wir zunächst den verhältnismäßig seltenen Fall "Subjekt als Genitivattribut". Bei den zweiwertigen Prädikaten steht das Objekt in der Erstgliedposition des NK:

(87) Infolge der Zugabe des PTFE-Pulvers zur negativen Masse erzielt man eine Minusmasse mit sehr niedriger Dichte, da hierdurch die Wasseraufnahme der Minusmasse stark vergrößert wird (P11/16)

Par suite de l'addition de poudre PTFE à la masse négative, on obtient une masse négative à très faible densité, tandis que la prise d'eau de cette masse négative s'accroît fortement

(88) Hierbei ist problematisch, daß bei einer solchen Schutzverstellung in Richtung auf eine kleinere, zuzuführende Kraftstoffmenge die Leistungsabgabe der Brennkraftmaschine in einem solchen Ausmaß reduziert werden kann, daß beispielsweise bei Einsatz in schwierigem Gelände der Betrieb nicht mehr aufrechterhalten werden kann. (P04/13)

Dans ce cas, il est problématique que pour un tel réglage de protection dans le sens d'une quantité de carburant plus réduite à alimenter, la puissance délivrée par le moteur à combustion interne puisse être réduite dans une telle mesure, que par exemple lors de la mise en oeuvre sur des terrains difficiles, le fonctionnement ne puisse plus être maintenu.

Daß *Minusmasse* und *Wasser* bzw. *Leistung* und *Brennkraftmaschine* tatsächlich zur Argumentstruktur des Prädikats gehören, zeigen die Paraphrasen, die allerdings die

Umformung der Verben *vergrößern* und *reduzieren* zu Quantifikatoren *(mehr, geringer)* erfordern:[59]

(89) ... da hierdurch die Minusmasse mehr Wasser aufnimmt

(90) ...daß bei einer solchen Schutzverstellung [...] die Brennkraftmaschine eine geringere Leistung abgeben kann...

Bei den einwertigen Prädikaten bleibt für das Erstglied nur eine modifizierende Funktion ("...daß der Motor leise läuft"):

(91)	Während durch das Magnetventil der Förderanfang und das Förderende bestimmbar ist, kann durch die Steuerdrossel, die bis zur Menge 0 herunterdrosseln kann, eine Spritzdauerverlängerung und damit ein Leiselauf des Motors erzielt werden. (P10/4)	Tandis que le début et la fin de l'injection peuvent être déterminés par l'électrovanne, grâce au diaphragme d'étranglement qui peut être réduit jusqu'à la quantité zéro, il est possible d'obtenir une prolongation de la durée de l'injection et, de ce fait, un fonctionnement silencieux du moteur.

Für die richtige Interpretation des Genitivattributs ist bisweilen eine sehr genaue Text- oder Fachkenntnis erforderlich, denn es gibt auch Konstruktionen, die zwar in syntaktischer und semantischer Hinsicht die Interpretation "Erstglied = Objekt, Attribut = Subjekt" zulassen, aber gleichzeitig eine weitere Interpretation mit anderer Attributfunktion haben:

(92)	Verfahren nach einem der Ansprüche 1 bis 5, dadurch gekennzeichnet, daß eine auf dem Auftreten von Einspritzungen basierende Defekterkennung des ELAB eine Überprüfung auf das Vorhandensein sonstiger sicherheitsrelevanter Störungen (gesetzte Diagnosebits DIABYTE) veranlaßt und bei Vorhandensein solcher weiteren sicherheitsrelevanter Fehler die Brennkraftmaschine abgeschaltet bzw. die ELAB-Funktionsprüfung bei jedem neuen Start (a=x) wiederholt wird. (P04/101)	Procédé selon l'une quelconque des revendications 1 à 5, caractérisé en ce qu'une détection d'un défaut de la soupape (16), basée sur le fait qu'il se produit des injections, permet une vérification de la présence d'autres perturbations relevant de la sécurité (signaux de diagnostics DIABYTE mis en place) et lors de la présence de tels autres défauts relevant de la sécurité, le moteur à combustion interne est arrêté, ou bien la vérification du fonctionnement de la soupape (16) est répétée lors de chaque nouveau démarrage (a=x).

59 Bei KAEHLBRANDT (1989:Kap. 4) sind dies dennoch "gültige Paraphrasen", um die Satzwertigkeit von Nominalisierungen zu beweisen.

Obwohl "ELAB" eine Sicherheitsvorrichtung bezeichnet, geht es hier nicht darum, daß der ELAB einen Defekt erkennt (Objekt = Erstglied, Subjekt = Attribut), sondern um das Erkennen eines Defekts am ELAB selbst (*des ELAB* ist also Attribut nur zum Erstglied *Defekt*). Bemerkenswert ist, daß in diesem Fall der deutsche Originaltext durch den Doppelbezug ambig ist, die französische Übersetzung dagegen die Fehlinterpretation von *de la soupape* als Subjekt von *détection* ausschließt. Die falsche Interpretation des Attributs als Subjekt hätte zu *par la soupape* führen müssen. Auch wenn (92) ein Beispiel für Disambiguierung durch die Übersetzung ist, bereiten diese Konstruktionen nicht nur bei der deutschen Lektüre, sondern auch bei der Übersetzung ins Französische grundsätzlich Schwierigkeiten. Wie bereits bei den zitierten Beispielen mit abgeleitetem Nicht-Kopf könnte eine andere Anordnung der drei beteiligten deutschen Substantive die Struktur disambiguieren:

(93) die Defekterkennung des ELAB (=92)

a.	die Erkennung eines ELAB-Defekts	("ELAB ist defekt")
b.	die Erkennung eines Defekts durch den ELAB	("ELAB erkennt...")
c.	die Defekterkennung durch den ELAB	("ELAB erkennt...")

In (93a) werden *Defekt* und *ELAB* zum NK kontrahiert. *ELAB* bezieht sich dann eindeutig auf *Defekt* und kann nicht mehr als das Subjekt von *Erkennung* interpretiert werden. Ebenso eindeutig könnte *ELAB* - in anderem Kontext - in einem präpositionalen Attribut mit *durch* als Subjekt markiert werden. Das Objekt kann dann optional Genitivattribut (93b) oder Erstglied (93c) sein. Wenn Genitivattribute mit Objekterstgliedern kombiniert werden, die selbst ein Subjekt haben können, entstehen also Strukturen, in denen die grammatische Funktion der beteiligten Substantive nicht eindeutig markiert ist. Da funktional eindeutige Alternativkonstruktionen existieren, sind diese Konstruktionen Beispiele für vermeidbare unklare Formulierungen.

Als präpositionales Attribut wird das Subjekt nur zweimal realisiert. Beispiel (94) aus F→D ist gleichzeitig einer der wenigen Fälle mit belebtem Subjekt, im französischen Original fehlt allerdings die Objektposition, da *pronation* bereits "Unterarm" impliziert.[60]

60 "Mouvement de rotation que la main et l'avant-bras exécutent de dehors en dedans sous l'action des muscles pronateurs" (PETIT ROBERT: *pronation*).

(94) Grâce au dispositif de guidage et de retenue (11) selon l'invention, l'extrémité de la boucle (8) à laquelle est accroché le levier (7) reste disposée pour faciliter une pronation aisée et directe par le skieur [...] (P15/30)

Dank der dargestellten erfindungsgemäßen Führungs- und Spanneinrichtung 11 bleibt das Ende der Schlaufe 8, an dem der Betätigungshebel 7 befestigt ist, so angeordnet, daß eine geringfügige und direkte Einwärtsdrehung des Unterarms durch den Skifahrer [...] erleichtert wird

Das deutsche Genitivobjekt bedingt die präpositionale Realisierung des Subjekts, denn zwei Genitivphrasen mit Objekt- bzw. Subjektfunktion wären ungrammatisch (95a). Ein Genitivsubjekt wäre höchstens bei gleichzeitiger Bewegung des Objekts in die Erstgliedposition des NK denkbar (95b), wobei *Skifahrer* - wie oben diskutiert - nicht mehr eindeutig als Agens markiert wäre:

(95) Einwärtsdrehung des Unterarms durch den Skifahrer (=94)
a. *Einwärtsdrehung des Unterarms des Skifahrers
b. Unterarm-Einwärtsdrehung des Skifahrers

Ebenso ist in (96), wo das Subjekt des NK-Kopfs selbst ein prädikatives Substantiv ist, die Genitivkonstruktion ausgeschlossen *(*eine Korngrößenveränderung der Umkristallisierung)*:

(96) Dies erlaubt einerseits eine schnelle Erhitzung der Mischung, andererseits kann insbesondere bei löslichen Salzen eine Korngrößenveränderung durch Umkristallisierung oder Zusammenbacken vermieden werden. (P12/26)

D'une part, ceci permet d'échauffer rapidement le mélange et d'autre part, notamment avec les sels solubles, on peut éviter des variations de granulométrie par modification de la structure cristalline ou par agglutination.

Die dritte Möglichkeit ist das Subjekt als Kompositumglied. Die Tabelle (85) faßt hier zwei- und mehrgliedrige NK zusammen, d.h. sie unterscheidet nicht zwischen Fällen mit einfachem Erstglied (z.B. *Druckanstieg*) und NK höherer Komplexität, in denen Erst- und Zweitglied gemeinsam das Subjekt bilden (z.B. *Kraftlinienverlauf*). Alle elf Belege stammen aus D→F. Auch hier können wir in Abhängigkeit von der Valenz des Prädikats zwischen eindeutigen und nicht eindeutigen Konstruktionen unterscheiden. Eindeutig sind NK mit Subjekt-Erstglied bei einwertigem Kopf. Die einzige Argumentstelle ist durch das Erstglied besetzt, und eventuelle Attribute können daher nie thematisch auf den Kopf, sondern nur entweder nicht-thematisch auf das Erstglied bezogen (97a) oder als Modifikator interpretiert werden (97b):

(97) der Druckanstieg des Systems

a. der Druck des Systems steigt
b. der Druck im System steigt

Kommen wir nun zu Subjekt-Erstgliedern bei NK mit Köpfen höherer Valenz. Da beim Nomen im Unterschied zum Verb die Realisierung der Argumente nicht obligatorisch ist, besteht das Problem in der eindeutigen Zuordnung der grammatischen Funktion, wenn nur eines von zwei Argumenten realisiert ist. Daß (98) kein Beispiel für ein Subjekt-Erstglied ist, weil die Drosselklappe das Potentiometer bewegt und *Potentiometer* daher Objekt von *Bewegung* ist, ist zumindest im Kontext eindeutig:

(98)	Vorrichtung nach einem oder mehreren der Ansprüche 1 bis 5, dadurch gekennzeichnet, daß ein an die Bewegung der Drosselklappe gekoppeltes Potentiometer vorgesehen ist, dem eine das jeweils aus der Potentiometerbewegung gewonnene Signal (UP) an den aktuellen Beschleunigungsanreicherungsbedarf anpassende und gleichzeitig dieses Signal über eine vorgegebene Zeitdauer abregelnde Schaltung nachgeschaltet ist. (P06/73)	Dispostif pour la mise in oeuvre du procédé selon l'une quelconque des revendications 1 à 5, caractérisé en ce qu'il est prévu un potentiomètre couplé au déplacement du clapet d'étranglement, potentiomètre à la suite duquel est branché un circuit adaptant aux besoins du moment en enrichissement d'accélération, le signal (Up) correspondant obtenu à partir du déplacement du potentiomètre, et réglant simultanément en baisse ce signal sur un laps de temps prédéfini.

Selbst für den Fachmann schwieriger zu verstehen ist dagegen (99), wo ebenfalls nur ein Argument von *Verarbeitung* realisiert ist. Hinweis darauf, daß *Schaltung* nicht selbst Objekt von *Verarbeitung* sein kann, ist erstens die semantische Inkompatibilität des Prädikats mit dem vermeintlichen Objekt, denn Schaltungen werden normalerweise nicht verarbeitet, und zweitens der Kontext, auf den das Demonstrativum *diese* verweist, denn es geht um Schaltungen, die Spannungen zu Signalen für die Beschleunigungsanreicherung verarbeiten. Bei dem attributiven Adjektiv *analog* liegt Doppelbezug vor, denn es ist primär auf *Schaltung* und sekundär auch auf *Verarbeitung* beziehbar.

(99)	Es versteht sich, daß die Schaltung auch ganz unter Zugrundelegung digitaler Systeme, etwa als Programmschleife bei einem Mikroprozessor realisiert sein kann oder daß diese analoge Schaltungsverarbeitung eine Zuordnung zu digitalisierten Systemen findet. (P06/65)	Il va de soi que ce montage peut être également réalisé en prenant pour base des systèmes numériques, par exemple sous forme de boucles de programmes dans le cas d'un microprocesseur ou que ce traitement par des circuits analogiques puisse être associé à des systèmes numériques.

(100) ist insofern ein Spezialfall, als das Prädikat Teil eines Stützverbgefüges[61] ist *(-überwachung [...] wird [...] durchgeführt)*. Das Subjekt ist hier zweimal genannt: zunächst innerhalb der NP als Erstglied des NK *(Ventil-)*, zweitens innerhalb der passivischen Verbphrase als *von*-PP *(von zwei Sitzventilen)*. Erst durch die Zweitnennung des Subjekts wird die statistisch gesehen "normalere" Interpretation des Erstglieds als Objekt und des Attributs als Subjekt ausgeschlossen:

(100)	Die Ventilüberwachung der beiden Kanäle 14 und 15 wird von zwei Sitzventilen 16 und 17, einem Einlaßventil 17 und einem Auslaßventil 16 durchgeführt, deren Ventilsitze 18 und 19 an den Kanalausmündungen in die Kammer 12 gebildet sind. (P08/35)	Les deux canaux 14 et 15 sont contrôlés par deux soupapes à siège 16 et 17, une soupape d'admission 17 et une soupape d'échappement 16, dont les sièges 18 et 19 sont formés aux embouchures des canaux 14 et 15 dans la chambre 12.

In den französischen Übersetzungen beider Beispiele ist dagegen die Markierung der Subjekte vorbildlich: (100) ist wegen der verbalen Auflösung des Prädikats ohnehin problemlos, und in (99) sorgt die Wahl der Präposition *par* statt *de* für Eindeutigkeit.

Kommen wir nun zur Realisierung des Objekts, zunächst als Genitivattribut. Abgesehen von dem Ausnahmefall (100) lassen sich je nach Funktion des Erstglieds zwei Konstruktionstypen unterscheiden. Erstens das Erstglied als Modifikator des Prädikats, wobei das Erstglied Substantiv (101, 102) oder Adjektiv bzw. Adverb (103) sein kann:

(101)	[...] qu'[...] on effectue un second trempage au moins partiellement du chausson dans une solution de polyuréthane, puis après égouttage du chausson trempe on procède à un étuvage de ce dernier suivi d'un refroidissement. (P17/54)	[...] daß [...] ein zweites Eintauchen mindestens eines Teils des Innenschuhs in eine Polyurethanlösung erfolgt und anschließend nach Abtropfen des eingetauchten Innenschuhs eine Ofentrocknung des Innenschuhs, gefolgt von einer Abkühlung erfolgt.
(102)	S'il est en position neutre avec une possibilité de débattement, cette mise en traction n'intervient qu'après un certain débattement angulaire de la tige qui s'effectue alors sans résistance opposée par l'organe élastique déformable. (P22/13)	Nimmt das Verbindungsorgan jedoch seine neutrale Ausgangsstellung mit der Möglichkeit einer anfänglichen Ausfederung ein, dann tritt das "Unter-Zugspannung-Setzen" erst nach einer bestimmten Winkelverdrehung des Schaftes ein, wobei von dem elastisch deformierbaren Organ kein Widerstand gegen die Verdrehung ausgeübt bzw. aufgebaut wird.

61 Zur Definition von "Stützverbgefüge" vgl. den Abschnitt 4.2 über verbonominale Prädikate.

(103)	Les différents dispositifs de calage selon l'invention [...] montrent un réglage par déplacement en translation verticale le long de la tige du porte-cales ou d'une partie au moins de ce dernier. (P13/111)	Die verschiedenen Klemmvorrichtungen [...] zeigen eine Verstellmöglichkeit durch Vertikalbewegung des Klemmstücketrägers oder zumindest eines Teiles desselben längs des Schaftes.

Diese Erstglieder sind immer in adverbiale oder präpositionale Umstandsangaben umformbar:

(104) a. Trocknung des Innenschuhs im Ofen
b. Verdrehung des Schaftes in einem Winkel
c. Bewegung des Klemmstücketrägers vertikal längs des Schaftes

Auffallend ist in (102) der Bezug von *certain* auf das Adjektiv *angulaire* in der französischen *N A*-Konstruktion, denn im Deutschen ist der Quantifikator nur auf das Erstglied bezogen: ??*eine bestimmte Verdrehung des Schaftes in einem Winkel.*

Zweitens kann das Erstglied selbst ein Prädikat sein (deadjektival wie *Höhe* oder deverbal wie *Neigung*), das aber im Gegensatz zum Kopf des NK nicht auf seine Basis zurückführbar ist. Es liegt dann Doppelbezug vor, denn das Attribut sättigt einerseits die Objektstelle des Kopfs und andererseits die Argumentstelle des Erstglieds. Beispiele:

(105)	Une telle exécution permet de régler la hauteur des cales 98 et 98'indépendamment, l'une de l'autre. (P13/104)	Dies gestattet eine unabhängige Höheneinstellung der Klemmstücke 98 und 98' relativ zueinander.
(106)	[...] l'ensemble monté assurant un réglage de l'inclinaison latérale de la chaussure déversée vers l'extérieur selon un angle de calage global y. (P19/32)	[...] wobei die montierte Gesamtheit eine seitliche Neigungseinstellung des nach außen gekippten Schuhs längs eines globalen bzw. gesamten Einstell- bzw. Keilwinkels y gewährleistet.

Auch in diesen Fällen ist aber die Umformung des Erstglieds in eine Umstandsangabe möglich (107a). Sie konkurriert jedoch mit der genitivischen Auflösung, die das Erstglied zum Objekt macht und dessen Argument genitivisch anschließt (107b):

(107) eine Höheneinstellung der Klemmstücke
a. eine Einstellung der Klemmstücke in ihrer Höhe
b. eine Einstellung der Höhe der Klemmstücke

Ebenso wie beim Subjekt-Genitivattribut könnte man also beim Objekt-Genitivattribut in Verbindung mit bestimmten Erstgliedern von Doppelbezug sprechen. Der Unterschied besteht darin, daß sich die beiden möglichen Interpretationen von (92) gegenseitig ausschließen (das Attribut ist Subjekt entweder des Kopfs oder des Erstglieds), wohingegen in (107a, b) das Attribut immer Teil der Objekt-NP bleibt.

Das Korpus enthielt keinen Beleg für ein dreiwertiges prädikatives Nomen mit drei Argumenten. Der einzige dreiwertige NK-Kopf, bei dem zumindest beide Objekte realisiert sind, ist *Versorgung* mit zwei fast synonymen Okkurrenzen (108, 109). Im Deutschen ist das Präpositionalobjekt *(Strom)* Erstglied und das Akkusativobjekt Genitivattribut:

(108) Die bei Verwendung des Elektromagnet-Ventils in einer Blockierschutzeinrichtung notwendige elektronische Schaltung zur entsprechenden Stromversorgung des Elektromagnetventils ist nicht Gegenstand der vorliegenden Erfindung. (P08/57)

Le montage électronique nécessaire lors de l'utilisation de l'électrovanne dans un dispositif antiblocage pour l'alimentation électrique de l'électroaimant ne fait pas partie de l'invention.

Die zweite Okkurrenz belegt für das Deutsche die einzige Realisierung des Objekts als Präpositionalattribut, sowie für das Französische die präpositionale Ergänzung (*en tension*) als Alternative zum Relationsadjektiv *électrique*:

(109) [...] weil beim Abschalten der Spannungsversorgung nicht nur das eventuell defekte ELAB stromlos geschaltet wird, sondern natürlich auch die Spannungsversorgung für das Mengenstellwerk und die anderen Komponenten abgeschaltet wird, diese also stromlos werden. (P04/31)

[...] parce que lors de l'arrêt de l'alimentation en tension, non seulement la soupape éventuellement défectueuse est privée de courant, mais, bien entendu aussi, l'alimentation en tension pour le mécanisme de réglage de la quantité de carburant et les autres composants, est coupée, et ces composants sont donc privés de courant.

Die häufigste Form der Ergänzung von NK mit prädikativem Kopf ist das Objekt als Kompositumglied. Auffallend ist zunächst die geringe Nutzung dieser Konstruktion bei der Übersetzung ins Deutsche. Die in Tabelle (86) genannten 20 NK mit abgeleitetem Kopf und Objekterstglied aus →D sind zudem mit nur sechs verschiedenen Köpfen konstruiert, die zum Teil auch noch synonym sind: *Einstellung, Änderung, Veränderung, Modifikation, Variation* und *Verteilung*. Vergleichsweise hoch ist dagegen die Zahl von 111 NK in den deutschen Originaltexten (D→). Zu einem Teil ist für diesen Unterschied der Faktor der Komplexität verantwortlich, denn die Statistik unterscheidet nicht zwischen zwei- und mehrgliedrigen NK: Unter den 20 Beispielen aus →D ist *Anfangshöheneinstellung* das einzige dreigliedrige NK dieser Art, unter den 111 Beispielen aus D→ sind dagegen 42 dreigliedrige und sechs viergliedrige NK. Ein Beispiel hierfür ist das in (96) zitierte NK *Korngrößenveränderung*. Da innerhalb eines NK vor dem prädikativen Kopf nicht Subjekt und Objekt gleichzeitig realisiert sein können, bleibt für eines der

Erstglieder nur die Funktion des Modifikators. Paraphrase (110a) zeigt, daß diese NK meist als weitere Kondensationen des in Beispiel (105) dargestellten Typs (mit Doppelbezug des Genitivattributs) verstanden werden können, obwohl diese Möglichkeit weniger akzeptabel erscheint als die Varianten (110b) und (110c):

(110) Korngrößenveränderung

a. Größenveränderung der Körner
b. Veränderung der Größe der Körner
c. Veränderung der Korngröße

3.4. Zusammenfassung

In übersetzungstechnischer Hinsicht sind die folgenden vier Ergebnisse relevant:

1. Im deutschen Zieltext (→D) sind NK im allgemeinen - d.h. nicht nur die prädikativen - weniger komplex als im deutschen Quelltext (D→). Der deutsche Redakteur bildet häufig drei- und viergliedrige, bisweilen sogar fünfgliedrige NK und kondensiert damit deutlich stärker als der Übersetzer, der nie mehr als drei französische Substantive zu einem Kompositum zusammenfaßt.

2. In beiden Texten haben die prädikativen NK etwa den gleichen Anteil an der Gesamtheit der NK, nämlich 53% und 54%.

3. Prädikative NK sind durchschnittlich komplexer als nicht-prädikative NK. Besonders an den dreigliedrigen Konstruktionen haben sie einen deutlich höheren Anteil. (Die Schwelle zur Unverständlichkeit wird offensichtlich schneller überschritten, wenn kein prädikatives Element enthalten ist.)

4. Die möglichen deutschen prädikativen NK-Konstruktionen unterscheiden sich in ihrer Akzeptabilität. Die Tabellen (111) und (112) fassen die verschiedenen Konstruktionsmöglichkeiten deutscher prädikativer NK und mögliche Attribute noch einmal zusammen. In der linken Spalte wird ein Urteil über die Akzeptabilität der Konstruktion abgegeben ("OK" steht für "akzeptabel", "problematisch" steht für die geschilderten Verständnisprobleme oder Ungenauigkeiten), im Mittelteil stehen die Kompositumglieder, deren Funktion jeweils durch den Titel der Spalte angegeben wird, rechts daneben sind mögliche Attribute mit ihrer grammatischen Funktion genannt, und ganz rechts ist auf das entsprechende Beispiel oder die Seite unter Abschnitt 3.3 verwiesen.

(111) Struktur deutscher prädikativer Nominalkomposita 1:

AKZEPTA-BILITÄT	KOMPOSITUM - GLIEDER			ATTRIBUT	REFE-RENZ
	OBJEKT	**PRÄDIKAT**	**SUBJEKT**		
OK	*Neigungs-*	*-einstellung*	---------	*(durch...)* (SUB)	(106)
problematisch	---------	*Orientierungs-*	*-einrichtungen*	*des Fußes* (OBJ)	(64)
OK	*Minimalwert-*	*-auswahl-*	*-schaltung*	---------	(75)
OK, wenn einwer-tig	---------	*Überlauf-*	*-tank*	---------	(27)
problematisch	---------	*Sperr-*	*-einrichtung*	*des Materials* (OBJ)	(32)
OK	*Fuß-*	*-halte-*	*-system*	---------	(37)

(112) Struktur deutscher prädikativer Nominalkomposita 2:

AKZEPTA-BILITÄT	KOMPOSITUM - GLIEDER			ATTRIBUT	REFE-RENZ
	SUBJEKT	**PRÄDIKAT**	**OBJEKT oder MODIFIKATOR**		
OK, wenn Prädikat einwertig	*Druck-* *Kraftlinien-*	*-anstieg* *-verlauf*	---------	---------	(97)
problematisch	*Ventil-*	*-überwachung*	---------	*der Kanäle* (OBJ)	(100)
nicht belegt; Objekt stark beschränkt	*Pumpen-*	*-förder-*	*-menge* (OBJ)	---------	S.54
OK, wenn Objekt nicht realisiert	*Pumpen-*	*-förder-*	*-druck* (MOD)	---------	S.47
OK, aber nur be-schränkt prädikativ	---------	*Rückmelde-*	*-signale* (OBJ)	---------	(39)

Wenn NK in D→ insgesamt komplexer sind als in →D (Ergebnis 1) und prädikative NK komplexer sind als nicht-prädikative (Ergebnis 3), gleichzeitig jedoch prädikative NK in D→ und →D gleich stark vertreten sind (Ergebnis 2), dann sind prädikative NK von der in →D allgemein geringeren durchschnittlichen Komplexität besonders betroffen. Für die Übersetzung F→D bedeutet dies konkret, daß französische komplexe Nominalphrasen mit drei Substantiven zu oft mit zweigliedrigen und zu selten mit dreigliedrigen NK übersetzt werden. Daß dieses Vorgehen gravierendere Konsequenzen als nur einen Verstoß gegen eine fachsprachliche Norm hat, zeigt sich, wenn wir die in den Tabellen (111, 112) zusammengefaßten Ergebnisse (4.) mitberücksichtigen: Genau diejenigen deutschen Konstruktionen sind problematisch, in denen bei NK mit einem zweiwertigen prädikativen Element das Objekt nach dem Prädikat realisiert ist. Da der Typ *Rückmeldesignale* nur beschränkt prädikativ und der Typ *Pumpenfördermenge* nicht belegt ist, kann "nach dem Prädikat" mit "als Attribut" gleichgesetzt werden. Der Großteil der Fälle problematischer Übersetzungen liegt in der Schnittmenge der Ergebnisse (1.-3.) und (4.), d.h. in der Opposition "zweigliedriges Kompositum mit Objektattribut" *vs* dreigliedriges "OVS"-Kompositum.

Tabelle (113) faßt die entsprechenden Zahlen aus den Tabellen (23) plus (52) (prädikativer Nicht-Kopf) und aus Tabelle (86) (prädikativer Kopf) zu einem sprachinternen Vergleich zusammen:

(113)

Realisierung des Objekts insgesamt	D→	→D
Objekt = Kompositumglied bei prädikativem Nicht-Kopf	49	10
Objekt = Attribut bei prädikativem Nicht-Kopf	36	100
Objekt = Kompositumglied bei prädikativem Kopf	111	20

Unabhängig von der Komplexität gilt also, daß die in D→ außerordentlich häufige Komposition des Prädikats mit seinem Objekt bei der Übersetzung aus dem Französischen (→D) systematisch vernachlässigt wird.

4. Nominale und verbonominale Prädikate

4.1. Nominale Prädikate

Die syntaktische Analyse von Nominalisierungen ist seit über dreißig Jahren Gegenstand der modernen Linguistik. Zu unterscheiden sind valenztheoretische und transformationsgrammatische Ansätze. In der Valenztheorie ergeben sich die gegensätzlichen Positionen zum einen aus der Einschätzung der Aktanten des Substantivs als entweder grundsätzlich fakultativ (z.B. SOMMERFELDT/SCHREIBER 1977) oder - analog zur Verbvalenz - potentiell obligatorisch (z.B. SANDBERG 1982 oder HELBIG 1986), zum anderen aus der Frage, ob man sich bei der Beschreibung der Substantivvalenz an der Valenz der Basisverben orientieren soll. Unabhängig davon, ob sie auf der syntaktischen oder auf der logisch-semantischen Ebene ansetzen, beschäftigen sich die valenztheoretischen Arbeiten in der Regel mit der Beschreibung von Oberflächenstrukturen, auch dort, wo von Parallelen zwischen Verb- und Substantivvalenz die Rede ist. Insofern unterscheiden sie sich von den frühen transformationsgrammatischen Arbeiten, deren Hauptaugenmerk in den sechziger Jahren (etwa von LEES 1960 bis CHOMSKY 1970) auf die systematische Ableitung von Nominalisierungen aus verbalen Strukturen durch Transformationen oder ganze Transformationszyklen gerichtet ist. Ebenfalls auf einem transformationellen Ansatz basieren die umfangreichsten französischen Forschungen zu Nominalisierungen: Die Linguisten des L.A.D.L. um Maurice GROSS[1] arbeiten nach HARRIS mit der Ableitung aus verbonominalen Konstruktionen durch Reduktion des beteiligten Verbs.

Während sich in der generativen Grammatik mit dem X-bar-Schema[2] der Akzent von der transformationellen Herleitung zur Suche nach allgemein gültigen syntaktischen Prinzipien in parallel aufgebauten syntaktischen Strukturen verschiebt, häufen sich auch im Bereich der Nominalisierungen die Arbeiten, die die Anwendung transformationeller Prinzipien teilweise oder ganz ablehnen (z.B. TEUBERT 1979). In der neueren generativen Literatur geht es schließlich unter anderem darum, im Rahmen des X-bar-Schemas den bereits bei CHOMSKY 1970 vertretenen parallelen Aufbau von Sätzen und Nominalphrasen (NPs) nachzuweisen, unabhängig davon, ob es sich beim Kopf der NP um ein abgeleitetes oder ein nicht abgeleitetes Nomen handelt. Ergänzt werden diese rein strukturellen Prinzipien durch eine semantische Komponente. Die unterschiedlichen Vorschläge zur Verknüpfung von Syntax und Semantik führen einerseits zu eigenständigen Grammatikmodellen (z.B. der *Lexical Functional Grammar* von BRESNAN 1978 und BRESNAN/KAPLAN 1982), andererseits zu Parallelstrukturen zu dem bereits

1 Hierzu gehören u.a. die Arbeiten von GIRY-SCHNEIDER (1978) und (1987), G. GROSS (1989). Vgl. auch unten Abschnitt 4.2.2.

2 Seit JACKENDOFF (1977).

vorhandenen X-bar-Schema, wie bei CHOMSKY 1981, wo die semantische Komponente unter der Bezeichnung "Theta-Struktur" ein Modul im Rahmen des *Government and Binding*-Modells (GB-Modells) darstellt. Gemeinsamer Nenner dieser Ansätze ist die aus der Prädikatenlogik übernommene Prädikat-Argument-Struktur. Bei CHOMSKY 1981 wird den Argumenten durch das Prädikat eine Thetarolle zugewiesen. Die Namen dieser Thetarollen können z.B. die in der Kasusgrammatik seit FILLMORE 1968 geläufigen Namen für semantische Rollen sein; das Rolleninventar ist allerdings weder in seinem Umfang festgelegt, noch sind die Rollen selbst genau definiert. Allgemeingültig sind dagegen die Prinzipien für ihre Zuweisung. Diese Argumentstruktur ist nicht nur Verben vorbehalten, sondern kann auch bei bestimmten Nomina Anwendung finden, z.B. bei relationalen Nomina oder deverbalen Nominalisierungen.

Die jüngeren Entwicklungen des GB-Modells betreffen wieder die syntaktische Komponente, deren Erweiterung nötig ist, weil bereits akzeptierte Prinzipien und Bedingungen den Rahmen des bestehenden X-bar-Schemas sprengen. Um Positionen für bewegte Elemente zu schaffen, wird zunächst die Satzstruktur um funktionale Kategorien bis zu dem in CHOMSKY 1986 dargestellten Modell erweitert. In Anlehnung an diese neue Satzstruktur wird von ABNEY 1987 auch für NPs ein von der Kategorie D projizierter "funktionaler Überbau" vorgeschlagen. Für das Deutsche stellen HAIDER 1988 und LÖBEL 1990 eine solche Analyse vor. Sie bringt im Hinblick auf die Erweiterungen der NP mit sich, daß die NP als Komplement einer funktionalen Kategorie wie D keinen Argumentstatus hat und somit nicht der Adjunktionsrestriktion von CHOMSKY 1986 unterworfen ist.[3] Wenn also Nominalisierungen als Prädikate mit eigener Argumentstruktur betrachtet werden, steht der NP-Knoten in diesem Modell für die Adjunktion von Argumenten zur Verfügung.

In den folgenden Abschnitten werden verschiedene Arbeiten zur Syntax der französischen und der deutschen NP mit besonderer Berücksichtigung der prädikativen Nominalisierungen vorgestellt, Unterschiede zwischen den beiden Sprachen herausgearbeitet und ein übereinzelsprachlich anwendbares Syntaxmodell vorgeschlagen.

4.1.1. Arbeiten zur Syntax der französischen Nominalphrase

Zwei wichtige Arbeiten zur französischen NP sind MILNER 1982[4] und die weiterführende Diskussion in GODARD 1986. MILNER unterscheidet in nominalen Syntagmen des Typs N_1 *de Det* N_2 drei Arten von Komplementen: Possessiv (*le fils de mon voisin*), Agens (*le livre de cet auteur*) und Objektiv (*l'image d'un homme*). Der Possessiv unterscheidet sich von Agens und Objektiv durch vier Eigenschaften: Erstens erlaubt er keine indefinite

---

3 CHOMSKY (1986:6): "Adjunction is possible only to a maximal projection (hence, X") that is a nonargument." HAIDER schließt allerdings nicht aus, daß es im Deutschen auch argumentfähige NPs geben kann.

4 MILNER (1982): *Ordres et raisons de langue*, Kap. II "Théorie des fonctions grammaticales".

Determinierung des Regens[5] (1a), zweitens ist er nicht mit *de* und betontem Personalpronomen anschließbar (1b), drittens ist er nicht prädikativ konstruierbar (1c), und viertens bestehen nur beim Possessiv Beschränkungen hinsichtlich der Abfolge der Komplemente in der NP. Er steht immer als letztes Komplement (1d):

(1) a. *un fils d'un voisin
b. *la/une maison de moi
c. *cette maison est de mon voisin
d. *le portrait du collectionneur$_{POSS}$ de Rembrandt$_{AGENS}$

Aus diesen nicht immer einleuchtenden Gründen (vgl. unten S. 83) plädiert MILNER dafür, Agens und Objektiv als Präpositionalphrasen (PPs) und Komplemente von N° zu analysieren, den Possessiv dagegen als eine von der maximalen Projektion von N unmittelbar dominierte Nominalphrase (also als Spezifikator), die entweder als Possessivpronomen am Anfang der NP oder als NP am Ende der NP realisiert sein kann:[6]

(2) [$_{NP}$Spec [$_{N'}$N° [$_{PP}$*de*-NP] [$_{PP}$*de*-NP]] [$_{NP}$*de*-NP]]

Im Gegensatz zu Agens und Objektiv ist der Possessiv ein Kasus, und *de* hat nicht den Status einer Präposition, sondern ist eine Kasusform (wie z.B. die deutsche Genitivflexion). Auch MILNER sieht eine Parallele zwischen Satzstruktur und NP-Struktur bzw. dem Subjekt des Satzes und dem Possessiv als Subjekt der NP, das allerdings immer fakultativ ist.[7]

Diese Opposition kasusmarkierte NP *vs* PP übernimmt MILNER für die prädikativen (als Vorgang interpretierbaren) Nominalisierungen. Deren Komplemente *génitif objectif* und *génitif subjectif* verhalten sich hinsichtlich der oben erläuterten Kriterien wie der Possessiv bei den nicht abgeleiteten Substantiven. Sie sind also ebenfalls nicht als PP, sondern als genitiv-markierte NP zu interpretieren. Da der Subjektgenitiv auch als Possessivpronomen realisiert sein kann, steht er in Spezifikatorposition, der Objektgenitiv dagegen in Komplementposition, d.h. Schwester von N°:[8]

---

5 Zur Terminologie: Die Begriffspaare Regens-Kopf, Rektion-Valenz und Ergänzung-Komplement werden synonym verwendet, da sie unabhängig von der jeweiligen theoretischen Einbindung dieselbe Strukturbeziehung bezeichnen. Vgl. SCHMIDT (1991:216).

6 Nach MILNER (1982:97). "GP" in MILNERS Struktur wurde durch "PP" ersetzt.

7 MILNER (1982:120ff).

8 MILNER (1982:131).

(3) [$_{NP}$ Spec [$_{N'}$ N° [$_{OBJEKT\text{-}NP}$ *de*-NP]] [$_{SUBJEKT\text{-}NP}$ *de*-NP]]

Da auch Objektkomplemente als Possessivpronomen realisiert sein können, nimmt MILNER für diese Fälle eine Bewegung des Objekts in die Subjektposition unter N^{max} an. GODARD bemerkt, daß dabei die Präposition *de* wegfallen und durch *de* als Kasusmarkierung [+genitiv] ersetzt werden müßte,[9] wodurch die Analogie zur VP hinfällig würde, denn dort müßten nach demselben Prinzip Umformungen wie (4b) grammatisch sein:

(4) a. X a parlé de ce problème
b. *Ce problème a été parlé

Sie beschränkt daher diese Bewegung auf bereits genitivisch markierte NPs und schließt damit *de*-PPs und andere PPs aus:

(5) a. le retour à la campagne *→ son retour
b. la table d'un bois clair *→ sa table
c. la descente à la plage *→ sa descente

Allerdings ist auch die Akzeptabilität von Possessivpronomina in Objektfunktion fraglich, wenn die Nominalisierung als Prozeß interpretiert werden soll:

(6) a. la démonstration de ce théorème dure depuis ce matin
b. ??sa démonstration dure depuis ce matin

Pronominalisierungen dieser Art sind nach GODARD nur möglich, wenn die Handlung nicht in ihrem Verlauf, sondern als Ganzes oder als ihr Resultat betrachtet wird:

(7) a. j'ai lu la démonstration de ce théorème dans ton livre
b. j'ai lu sa démonstration dans ton livre

Aufgrund dieser Daten hält sie MILNERS Beschränkung, nur für genitivmarkierte NPs, nicht aber für PPs sei die Spezifikatorposition der NP zugänglich, für unzureichend. Sie führt als weiteres Kriterium die Subkategorisierung als Indiz für den Argumentstatus von NPs ins Feld. Subkategorisierung liegt vor bei relationalen Nomina (8a), bei deverbalen Nominalisierungen mit genitivmarkierter *de*-NP (8b, c), bei Nomina, die eine PP mit bestimmter Präposition als Kopf fordern (8d), bei Nomina der Bewegung und *de*-PPs der Herkunft (8e) und bei Nomina des Gefühls (8f).[10]

---

9 GODARD (1986:107ff).

10 GODARD (1986:116).

(8) a. le frère de Jean
b. un admirateur de Balzac
c. la démonstration de ce théorème
d. la descente à la plage
e. le retour de la campagne
f. sa passion du jeu

Bei den übrigen Attributen mit *de* besteht keine Zuordnung zu einer bestimmten Klasse von Nomina. Das Komplement der "ikonischen" Nomina *(portrait)* ist zwar wie das der deverbalen Nomina in seiner semantischen Interpretation vom Nomen abhängig (z.B. als "Thema"), es kann aber im Unterschied zu diesem aus der NP herausbewegt werden und ist daher nicht subkategorisiert:

(9) a. *la démonstration m'intéresserait de ce théorème
b. un portrait a disparu de Louis XIV enfant

MILNER orientiert sich zwar ansatzweise an der generativen Theorie, verzichtet aber auf eine präzise Darstellung der Rektions- und Kasuszuweisungsverhältnisse in der französischen NP und bleibt letztendlich die Antwort auf folgende Fragen schuldig:

- Ist es mit dem Prinzip der *redondance fonctionnelle* vereinbar, daß Artikel und possessives Attribut wie in *le portrait de Rembrandt du collectionneur* gleichzeitig realisiert sind? In welcher Position steht der Artikel? Gibt es zwei Spezifikator-Positionen, rechts und links?
- Welches sind die Regeln für die Kasuszuweisung durch N°? Wie ist erklärbar, daß N° sowohl seinem Komplement (Objekt) als auch seinem Spezifikator (Subjekt) den Genitiv zuweist, daß aber nicht beide gemeinsam in der Oberflächenstruktur als Genitive vorkommen dürfen?
- Wie vollzieht sich die Umformung der genitivischen Subjekt-NP zu einer *par*-PP? Findet dabei eine Bewegung statt?

Daß MILNERS syntaktische Tests - insbesondere der Zusammenhang zwischen Artikel und possessivem Komplement - einer genaueren Überprüfung nicht standhalten, meint auch BARTNING, die zeigt, daß z.B. indefiniter Artikel und Possessiv nicht grundsätzlich inkompatibel sind:

(10) a. *un fils d'un voisin
b. un fils du voisin

(10b) ist ohne weiteres akzeptabel, so daß es voreilig wäre, hier von einer strukturellen Beschränkung auszugehen. Ebenso zeigt BARTNING an zahlreichen Beispielen, daß die

Kombination von indefinitem Artikel und deverbaler Nominalisierung ohne weiteres möglich ist, und nicht nur - wie GODARD meint - in hypothetischen Kontexten.[11]

4.1.2. Französische und deutsche Nominalphrasen

Im folgenden geht es um die Unterschiede und Gemeinsamkeiten französischer und deutscher NPs. Schwerpunkte sind die bereits angeschnittenen Themen: die Spezifikatorposition und die Realisierung der Komplemente. Die im Sprachvergleich gewonnenen Ergebnisse sollen dann zu einem Modell führen, mit dem die Strukturen beider Sprachen beschreibbar sind.

4.1.2.1. Spezifikator

Berücksichtigt man den Stand der Forschung zur Struktur der englischen und deutschen NP, so stellt sich vor allem die Frage, ob auch die französische NP als DP, also als funktionales Komplement des Determinators analysierbar ist. Obwohl MILNER die strukturelle Position des Artikels nicht explizit aufzeigt, läßt seine Struktur (3) für den Artikel ebenso wie für das Possessivpronomen nur die Spezifikatorposition zu. Diese Analyse wirft folgende Probleme auf:

- Der Spezifikator der NP wäre eine "Zwitterkategorie",[12] und zwar entweder als Artikel ein X° oder - zumindest bei den deverbalen Nominalisierungen - ein thetamarkiertes Argument und somit ein X^{max}, wenn die Voraussetzung gilt, daß nur Phrasen, nicht aber Köpfe Argumentstellen eines Prädikats binden können.
- Im Fall pränominaler Adjektive bleibt die Abfolge von Artikel und Adjektiv ungeklärt: Wenn solche Adjektive links an NP adjungiert würden, müßten sie auch vor dem Artikel oder Possessivpronomen stehen. MILNER schlägt keinen Weg vor, der solche ungrammatischen Strukturen ausschließen würde.

Die Analyse der NP als funktionales Komplement von D mit eigener maximaler Projektion DP würde dagegen zwei unterscheidbare Positionen zur Verfügung stellen: eine Kopfposition D° und eine X^{max} an der Spezifikatorposition von DP. Damit wären gleichzeitig beide Probleme gelöst, denn auch links an NP adjungierte Attribute befänden sich bereits in einer Position zwischen D und NP. Eine solche Struktur wäre auch im Sinne des von ZIMMERMANN postulierten Universals, das alle referierenden Syntagmen, und somit auch NPs, als Komplemente einer funktionalen Kategorie einstuft.[13]

---

11 BARTNING (1986:355).

12 Nach OLSEN (1991:50).

13 ZIMMERMANN (1991:36).

Die Grenzen der Analogie zwischen beiden Sprachen sind beim pränominalen Genitiv erreicht: Für das Deutsche ist eine Möglichkeit, daß in D° ein abstraktes Merkmal [POSS] die Spezifikatorposition SpecD regiert.[14] Dieses Merkmal tritt in NPs wie *Omas Katze* als Flexionsendung in Erscheinung:

(11) $[_{DP}$ $[_{DP}$Oma] $[_{D'}$ $[_{D}$-s] $[_{NP}$Katze]]]

Bei diesem Affix handelt es sich allerdings nicht um Genitivflexion,[15] sondern um ein in seiner Verwendung restringiertes possessives Morphem, das insbesondere bei deverbalen Nominalisierungen NPs von zweifelhafter Akzeptabilität liefert:

(12) a. ?des Geldes Unterschlagung (durch den Angestellten)
b. ?der Verbrecher Verhaftung (durch die Polizei)
c. ?der Bevölkerung Protest gegen Tiefflüge (OLSEN 1991:69)

Parallel zu (11) wäre nach OLSEN auch ein Satz mit Possessivpronomen zu analysieren, das ebenso wie *Oma* in der Spezifikatorposition vom Possessiv-Morphem regiert wird und somit als referentielles Argument mit Thetarolle fungieren kann:[16]

(13) $[_{DP}$ $[_{DP}$dein] $[_{D'}$ $[_{D}$-e] $[_{NP}$Unterschlagung des Geldes]]]

Durch diese Verteilung ist es möglich, an der Spezifikatorposition für die Referenz ein anderes Personenmerkmal anzugeben als am Kopf der NP, mit dem die gesamte NP kongruieren muß. In (13) ist *dein-* mit "2. Person" markiert, während *-e* und die gesamte NP das Merkmal "3. Person" tragen.[17] Das Problematische dieser Strukturen ist für HAIDER der Status des funktionalen Kopfs als "possessives Morphem", denn wenn pränominale Genitive und Possessivpronomina an der gleichen Position stehen, sollten sie erstens auch den gleichen Kasus tragen, also den Genitiv, und zweitens distributionell äquivalent sein. Beides ist nicht der Fall:

(14) a. Susannes Überprüfung der Hypothese
b. *ihrer Überprüfung der Hypothese

14 Vgl. HAIDER (1988) und OLSEN (1991).

15 Im Unterschied zum dt. Genitiv tritt das Affix *-s* auch an Feminina. Zu weiteren Unterschieden s. OLSEN (1991:48f).

16 Beispiel analog zu der vorgeschlagenen Struktur in OLSEN (1991:53). Das Possessivpronomen als Spezifikator in DP findet sich bereits in OLSEN (1989a) sowie bei ZIMMERMANN (1991).

17 OLSEN (1991:52).

(15) a. mit all <u>ihren</u> guten Einfällen
b. *mit all <u>Susannes</u> guten Einfällen
c. mit all den guten Einfällen Susannes (HAIDER 1991)

Zudem sei die Kookkurrenz des Possessivpronomens mit einem dativischen Spezifikator in regionalen Varianten (16a, b) und mit einem genitivischen Spezifikator in archaischen Konstruktionen (16c) nicht ausgeschlossen:

(16) a. dem Teufel sein Handwerk
b. ?ihm sein Handwerk
c. des Teufels sein Handwerk (archaisch; s. Duden[4] §5705) (HAIDER 1991)

Vorläufig zusammenfassend können wir sagen, daß sich sowohl für das Deutsche als auch für das Französische Argumente anführen lassen, die eine Analyse der NP als DP unterstützen. Dagegen ist umstritten, ob das Possessivpronomen sich als funktionaler Kopf der DP manifestiert oder ob diese Position nur dem Artikel als Lexikalisierung des Merkmals [±DEFINIT] vorbehalten bleibt. Diese Entscheidung fällt für das Französische schwerer als für das Deutsche, da Nomina innerhalb der französischen DP grundsätzlich nicht auftreten und das französische Possessivpronomen nicht flektiert. Die Anwendung von Prinzipien der Kasustheorie kann hier keine Aufschlüsse über die Struktur der französischen NP bringen.

Allerdings gibt es auch im Rahmen der GB-Theorie Ansätze, die der Analyse MILNERS mit einem Possessivpronomen in SpecN näherkommen als die bisher diskutierten. ZIMMERMANN, deren Argumentation im Unterschied zu OLSEN und HAIDER auf Beispielen aus einer größeren Zahl von Sprachen aufbaut, kommt zu dem Ergebnis, daß das Subjekt entweder bei abgeleiteten Nomina (das internalisierte, ursprünglich externe Argument der Basis) als Komplement von N oder bei absoluten Nomina (der possessive Modifikator) als Adjunkt an N' generiert wird. Von dort sind Bewegungen nach SpecN oder SpecD möglich. In den beiden folgenden Strukturen markieren *a* und *b* die beiden Positionen in D-Struktur (17) und S-Struktur (18):[18]

(17) $[_{DP} [_{D'}D [_{NP} [_{N'} [_{N'}N\ a]\ b]\ ]\ ]\ ]$

(18) $[_{DP}\ a\ [_{D'}D [_{NP}\ b\ [_{N'} [_{N'}N]\ ]\ ]\ ]\ ]$

In der S-Struktur steht Position *a* (SpecD) für pränominale PPs wie in (19a) zur Verfügung. Alle anderen pränominalen Subjekte können in *b* (SpecN) stehen, z.B. Possessivpronomina wie in (19b) und (20a) oder die *di*-Phrase in (20b). Bei der Bewegung bleiben jeweils koindizierte Spuren zurück, die bei Argumenten theta-regiert

18 ZIMMERMANN (1991:49, 51). Eine weitere Position *c* in der untersten N'-Konstituente der S-Struktur zitieren wir hier nicht, da sie nur für slawische Possessivadjektive von Belang ist.

und bei Modifikatoren Antezedens-regiert sind. Zur Überwindung des Grenzknotens NP bei Bewegung nach SpecD wird eine zusätzliche, an NP adjungierte Spur angenommen.

(19) a. von Peter der Hund
b. seine drei Hunde

(20) a. la sorella ed i suoi figli
b. la sorella ed i di lei figli (ZIMMERMANN 1991:42)

Der wesentliche Unterschied zwischen den Vorschlägen von OLSEN und HAIDER einerseits und dem von ZIMMERMANN andererseits besteht darin, daß der funktionale Kopf bei ZIMMERMANN nach rechts regiert und daher zwar SpecN Kasus zuweisen kann (in diesem Fall [+POSS]), nicht aber SpecD. Für funktionale und lexikalische Köpfe muß daher die Richtung der Kasuszuweisung nicht unterschiedlich parametrisiert werden. Speziell für das Französische und Italienische ist vorteilhaft, daß Elemente in der Position SpecD grundsätzlich keine Kasuszuweisung erhalten und somit nicht lizensiert sind. Unter der Prämisse von OLSEN und HAIDER, D lizensiere SpecD, wäre für französische und italienische [+POSS]-markierte *de*-Phrasen bzw. *di*-Phrasen eine separate Restriktion nötig, da ihre Initialposition grundsätzlich ausgeschlossen ist. Selbst mit Kontrastakzent auf der vorgestellten PP sind die folgenden Sätze ungrammatisch:

(21) a. *De Zola les livres me plaisent beaucoup
b. *Di Manzoni i libri mi piaciono molto

Das gemeinsame Auftreten von Artikel und Possessivpronomen ist nur in Sprachen möglich, in denen der Artikel das Merkmal [+POSS] enthält, wie z.B. im Italienischen und im Gegensatz zum Französischen, wo zwischen Artikel und Nomen nie ein Possessivum möglich ist. So können französische Sätze wie

(22) a. *les mes livres
b. *les de Jean livres

über die entsprechenden Lexikoneinträge beim Artikel ausgeschlossen werden, ebenso wie korrekte deutsche Phrasen durch [+POSS]-Einträge bei deutschen Demonstrativpronomina zugelassen werden:

(23) in diesem unserem Lande

Dennoch bleiben Fragen offen. Erstens ist das bei ZIMMERMANN als korrekt eingestufte Beispiel (20b), in dem die genitivmarkierte Phrase *di lei* von D lizensiert sein müßte, ungrammatisch, und zweitens sind auch im Deutschen nur bestimmte Possessiva mit dem Demonstrativum kombinierbar, vgl.:

(24) a. in diesem unserem Lande
b. *in diesem des Kanzlers Lande
c. *in diesem Kohls Lande

Wenn ZIMMERMANN annimmt, deutsche Genitive seien nur optional [+POSS]-markiert, müßte diese Annahme wegen (20b) auch auf die italienische *di*-Phrase ausgedehnt werden. Es fehlen also präzise Kriterien für die Vergabe der [+POSS]-Markierung.

4.1.2.2. Genitivisches Komplement

MILNERS NP-Analyse nimmt die Unterscheidung zwischen struktureller und inhärenter Kasuszuweisung bei CHOMSKY vorweg, der in englischen *of*-PPs ebenfalls die Präposition als sichtbares Merkmal eines inhärenten Kasus ansieht.[19] Struktureller Kasus wird unter Rektion zugewiesen, für inhärenten Kasus ist zusätzlich Thetamarkierung erforderlich. Im Deutschen sind Genitiv und Dativ inhärent zugewiesene Kasus.[20] In der Literatur zur deutschen NP[21] findet sich ebenso wie bei MILNER die Auffassung, daß der Kopf der NP bestimmten postnominalen Phrasen den Kasus Genitiv zuweist. Dabei besteht im Deutschen eine Adjazenzrestriktion, die für die Ungrammatikalität von (25c) und (25d) verantwortlich ist:

(25) a. die Erfindung Edisons
b. die Erfindung der Glühlampe
c. *die Erfindung Edisons der Glühlampe
d. *die Erfindung der Glühlampe Edisons (HAIDER 1988:36)

(25d) ist ungrammatisch, wenn *Edisons* als Subjekt von *Erfindung* verstanden werden soll. Der Kopf *Erfindung* kann den jeweils nicht adjazenten NPs in (25c) und (25d) keinen Genitiv zuweisen. Dies paßt zu MILNERS Argumentation für eine genitivmarkierte *de*-NP, denn auch sie muß zum Kopf adjazent sein:

(26) a. l'invention de Edison
b. l'invention de la lampe électrique
c. *l'invention de Edison de la lampe électrique
d. *l'invention de la lampe électrique de Edison

Unterschiede ergeben sich, wenn es darum geht, die Adjazenzbeschränkung zu vermeiden und beide Komplemente gleichzeitig zu realisieren. Das Deutsche hat zwei Möglichkeiten: Das Subjekt wird entweder an die pränominale Position verschoben (27a), so daß

---

19 Vgl. die ausführliche Diskussion englischer Genitive in CHOMSKY (1986b:186ff).

20 Dazu ausführlich HAIDER (1985).

21 Wir orientieren uns an HAIDER (1988), FREYTAG (1990) und OLSEN (1991).

beide Komplemente zum Kopf adjazent sind, oder es wird zu einer Präpositionalphrase mit *durch* umgeformt (27b).

(27) a. Edisons Erfindung der Glühlampe
b. die Erfindung der Glühlampe durch Edison
c. *die Erfindung durch Edison der Glühlampe

Ungrammatisch ist dagegen (27c), denn im Deutschen fallen beide Komplemente unter die Adjazenzbedingung. Im Französischen existiert nur die (27b) entsprechende Möglichkeit der Realisierung des Subjekts als *par*-PP, die pränominale Realisierung analog zu (27a) ist nicht möglich.

MILNERS Annahme einer genitivmarkierten *de*-NP erweist sich also als nützlich, um die Restriktionen bei der Komplementierung deverbaler Nomina zu formulieren, die in (28) am Beispiel von *visite* dargestellt sind:

(28) a. la visite du zoo
b. la visite des enfants
c. la visite du zoo par les enfants
d. la visite des enfants au zoo
e. *la visite des enfants du zoo
f. *la visite du zoo des enfants
g. *la visite au zoo par les enfants
h. *la visite par les enfants au zoo

Grammatisch sind diejenigen NPs mit genau einem *de*-Attribut, wenn dieses unmittelbar auf den Kopf folgt. Bei zwei Attributen muß das zweite als PP realisiert sein, eine *de*-NP ist dort nicht möglich (28e, 28f). Beide Attribute dürfen nicht gleichzeitig als PP realisiert sein (28g, 28h).

In Ergänzung zu Beispiel (28) zeigen die NPs in (29), daß sich deverbale Nominalisierungen aus transitiven Verben *(démonstration)*, aus Verben mit präpositionaler Ergänzung *(adhésion)*, aus intransitiven Verben *(descente)* und ikonische Nomina *(portrait)* hinsichtlich der genannten Beschränkungen gleich verhalten: Die Permutation der beiden Attribute führt in (30) entweder zu ungrammatischen oder zu semantisch nicht äquivalenten (*→) Sätzen:

(29) a. la démonstration du théorème par le professeur
b. l'adhésion de Jean au parti socialiste
c. la descente des alpinistes dans la vallée
d. le retour du président de ce voyage
e. le portrait de Louis XIV par un peintre contemporain

(30) a. *la démonstration par le professeur du théorème
b. *→ l'adhésion au parti socialiste de Jean
c. *→ la descente dans la vallée des alpinistes
d. *le retour de ce voyage du président
e. *→ le portrait par un peintre contemporain de Louis XIV

Dabei haben nicht nur die *de*-Attribute verschiedene grammatische Funktionen, sondern es variiert auch der Status der präpositionalen Attribute: In (a) und (e) sind die *par*-Attribute fakultativ, in (b) ist *au parti socialiste* obligatorisch, in (c) und (d) sind die PPs lokale Ergänzungen und fakultativ. Bei den fakultativen Attributen in (a), (c), (d) und (e) sind Alternativen denkbar, z.B. eine andere direktionale Präposition in (c), eine Richtungs- statt einer Herkunftsangabe in (d) oder ein Partizipialanschluß mit *effectuée par* in (a) bzw. *créé par* in (e). In (b) wird dagegen die Präposition *à* vom Kopf *adhésion* gefordert.

Die Daten sprechen für eine grundsätzlich mit der Präposition *de* markierte Position, die in der S-Struktur zu N° adjazent sein muß. Aufgrund der thematischen Verschiedenheit der in dieser Position vorkommenden Elemente (Agens, Patiens oder Lokativ) können wir annehmen, daß das Merkmal *de* unabhängig von der Art des Komplements vom Kopf vergeben wird. Es bietet sich an, die Unterscheidung zwischen Genitiv-NPs und PPs wie bei MILNER und GODARD beizubehalten, damit die in (29) hervorgehobenen *de*-NPs von *de*-PPs der Herkunft wie *de ce voyage* in (29d) auch terminologisch unterschieden sind. Im Lexikoneintrag der Nomina wäre die Rolle zu spezifizieren, die das jeweils als Genitiv-NP realisierte Argument trägt.

Hinsichtlich des Adjazenzparameters ist für das Französische eine Einschränkung zu machen: Während im Deutschen die Genitiv-NP strikt adjazent sein muß, ist Adjazenz in der französischen NP unter bestimmten Bedingungen fakultativ. Umfangreichere Konstituenten können im Französischen hinter den Modifikator bewegt werden:

(31) Durch die Mitverwendung des Schmieröles der Brennkraftmaschine für den Verstärkerkreis beschränkt sich die Wartung dieses Verstärkerkreises lediglich auf die sowieso nötige Ölkontrolle der Brennkraftmaschine. (P05/09)

L'utilisation pour le circuit du servo-frein de l'huile de graissage du moteur à combustion interne limite l'entretien du dit circuit à la surveillance de toute façon nécessaire du niveau d'huile du moteur.

Im Deutschen ist diese Bewegung der Genitivphrase nicht möglich. Als Ziel solcher in der GB-Literatur als "heavy NP shift"[22] bezeichneten Bewegungen wird die Adjunktposition an X^{max} angenommen. Den Kasus erhält die bewegte Konstituente über die koindizierte Spur. Für das Französische liegen bereits Analysen der VP vor, nach denen das Komplement von V durch Adjunktion an VP an das Ende der VP bewegt wird.

22 Z.B. bei HAEGEMAN (1991:382f).

POLLOCK beschränkt diese Fälle von Scrambling ebenfalls auf "schwere" NPs.[23] Das Beispiel, das seine prinzipiell richtigen Überlegungen stützen soll, ist allerdings ungeschickt gewählt, da es sich bei *mettre fin* um eine verbonominale Fügung handelt, bei der generell stärkere Bewegungsbeschränkungen bestehen:

(32) a. Jean pensait rencontrer e_i demain [son patron]$_i$ à la Sorbonne
b. ?*Cette guerre atroce, il pense y mettre e_i demain [fin]$_i$ (POLLOCK 1989:380f)

4.1.2.3. Präpositionales Komplement

Als nächstes stellt sich die Frage nach der Position des präpositionalen Attributs. Möchte man die erwähnten Unterschiede hinsichtlich Subkategorisierung und Fakultativität berücksichtigen, so könnte sich eine Struktur anbieten, wie sie von FREYTAG für die D-Struktur der deutschen NP vorgeschlagen wird:

> Wir gehen davon aus, daß hier [in der N'-Domäne] alle die Ergänzungen vorkommen, die im zur DP ähnlichen Satz Objekte und andersartige, also auch notwendige adverbiale Argumente verkörpern. Diese Ergänzungen folgen unmittelbar nach der durch den strukturellen Genitiv markierten Phrase.[24]

Kandidaten für diese Realisierung hinter der Genitiv-NP unter N' wären also Präpositionalobjekte wie *au parti socialiste* in (29b) und andere lokale Ergänzungen:

(33) L'injection du produit s'effectue après l'introduction du pied <u>dans le chausson</u> [...] (P23/7)

In diesen Fällen wird die Präposition eindeutig vom Nomen gefordert. Weniger klar sind die Fälle, wo die Ergänzung zwar einer bestimmten semantischen Klasse angehören muß (z.B. lokal oder direktional), die Präposition aber nicht vom Kopf der NP, sondern vom Nomen der Ergänzung bestimmt wird:

(34) le voyage du président {au Japon | en Allemagne | à Bonn}

Dennoch sind diese Ergänzungen nur unter bestimmten kontextuellen Voraussetzungen weglaßbar und unterscheiden sich in dieser Hinsicht von grundsätzlich fakultativen Erweiterungen wie den agentivischen *par*-PPs (29a) oder anderen Modifikatoren. Dieser Unterschied wird beim Permutationstest sichtbar, denn die semantisch enger an den Kopf gebundenen Attribute müssen in der Regel auch dichter beim Kopf stehen:

---

23 POLLOCK (1989:380): "...for a number of speakers of French, the scrambled NP cannot be too 'light' ".

24 FREYTAG (1990:60).

(35) a. Ce mode de réalisation facilite l'introduction du pied [dans la chaussure] [par le skieur]
b. ?Ce mode de réalisation facilite l'introduction du pied [par le skieur] [dans la chaussure]

Die direktionale Interpretation von *dans*, die vom Kopf *introduction* bestimmt wird, ist bei eingeschobenem Modifikator weniger zwingend, wenn auch in (35b) die lokale Interpretation aus semantischen Gründen ausscheidet. (36b) ist dagegen ambig:

(36) a. Le voyage du président au Japon la semaine dernière
(...des Präsidenten nach Japan)
b. Le voyage du président la semaine dernière au Japon
(...die der Präsident letzte Woche {in|nach} Japan unternommen hat)

Dagegen ist die Permutation von Modifikatoren untereinander oder mit agentivischen *par*-Phrasen prinzipiell frei und nur Regeln der Mitteilungsperspektive unterworfen:

(37) a. l'adoption de la loi par l'assemblée ce matin
b. l'adoption de la loi ce matin par l'assemblée

Für Erweiterungen der NP, die nicht als Komplemente von N° unter N' generiert werden, stehen alle übrigen Positionen zur Verfügung. Im Rahmen eines X-bar-Modells mit zwei Projektionsebenen[25] sind dies:

- die Spezifikatorposition SpecN (Schwester von N'). Sie ist frei, wenn wir von einer Struktur analog zu der von OLSEN und HAIDER vorgeschlagenen Analyse von NP als DP ausgehen. Nach ZIMMERMANNS Vorschlag können hier auch [POSS]-markierte Phrasen auftreten.
- die Position des Adjunkts an NP (Schwester von NP). Traditionell (nach CHOMSKY 1986) ist dies der Landeplatz von bewegten Phrasen, da diese an maximale Projektionen zu adjungieren sind.
- die Position des Adjunkts an N' (Schwester von N'). Diese Position wird von FREYTAG für die agentivische *durch*-PP vorgeschlagen.[26] Sie orientiert sich dabei an GRIMSHAWS Analyse englischer *by*-Phrasen als "argument-adjuncts". Dabei handelt es sich um das ursprünglich externe Argument des Verbs, das bei Nominalisierung oder Passivierung internalisiert wird.[27] Die Argumentstruktur lizenziert das Adjunkt, das aber nicht thetamarkiert und daher kein Argument ist.

25 Für eine Analyse französischer NPs mit einer größeren Zahl von Projektionen vgl. ROLSHOVEN (1989).

26 FREYTAG (1990:75ff).

27 GRIMSHAW (1988) baut auf WILLIAMS (1981) und DISCIULLO/WILLIAMS (1987) auf.

Schema 1: *Positionen in der NP nach* FREYTAG *(1990)*

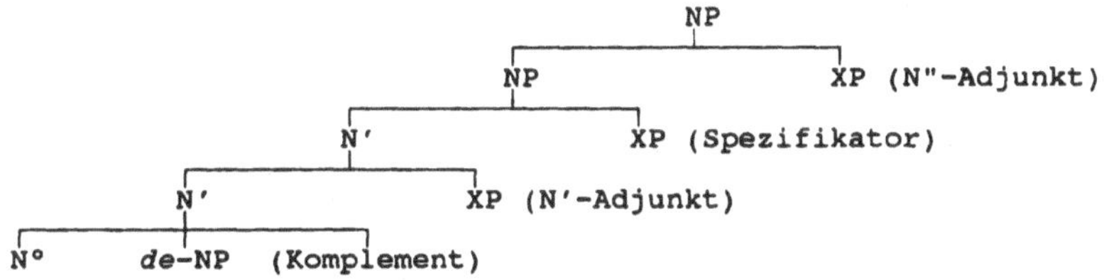

4.1.3. Ein Modell für deutsche und französische Nominalphrasen

Theoretisch unbefriedigend an FREYTAGS Analyse ist erstens, daß sie durch die Generierung aller Komplemente unter N' vom binär verzweigenden Modell abweicht, und zweitens, daß im Deutschen[28] NPs im Gegensatz zu VPs linksverzweigend sein sollen. In bezug auf VPs wurde bisher angenommen, OV-Sprachen wie Deutsch seien durch rechtsverzweigende (38a), VO-Sprachen wie Englisch und Französisch dagegen durch linksverzweigende Strukturen (38b) beschreibbar:[29]

(38) a. [IO [DO [PP V]]]
b. [[[V IO] DO] PP]

Trotz dieses Unterschieds ist die Abfolge der Komplemente konstant. Sie ist offensichtlich unabhängig von der Verzweigungsrichtung und von der Position des Kopfs. Dies belegen Beispielsätze wie:

(39) a. Er hat seinem Bruder$_{IO}$ einen Brief$_{DO}$ an seine Heimatadresse$_{PP}$ geschrieben$_{V}$
b. Er hat einen Brief$_{DO}$ an seinen Bruder$_{PP}$ geschrieben$_{V}$

(40) a. He wrote$_{V}$ his brother$_{IO}$ a letter$_{DO}$ to his home address$_{PP}$
b. He wrote$_{V}$ a letter$_{DO}$ to his brother$_{PP}$

Ob hier alle drei Konstituenten (IO, DO, PP) als Komplemente bezeichnet werden können, ist fraglich und würde einen Valenzbegriff voraussetzen, der auch vierstellige

28 Auch im Französischen, wenn man POLLOCKS (1989) rechtsverzweigende VP-Struktur zugrundelegt.

29 IO = indirektes Objekt, DO = direktes Objekt, PP = Präpositionalphrase.

Prädikate akzeptiert.[30] Das Französische ist zwar ebenfalls eine VO-Sprache, aber da der "Dativ" im Gegensatz zum Englischen außer bei Pronominalisierung nicht präpositionslos realisierbar ist, sind zu (40a) parallele Konstruktionen problematisch:

(41) a. ?Il a envoyé à son frère une lettre à son adresse privée
b. Il a envoyé une lettre à son frère

Im Unterschied zu deutschen Verben weisen französische Verben (ebenso wie prädikative Nomina beider Sprachen) keinen Dativ zu. Das direkte Objekt und das als PP realisierte *complément d'objet indirect* verhalten sich aber hinsichtlich der Abfolge ebenso wie im Deutschen und Englischen (41b). Solche festen Abfolgebeziehungen werden zur Unterstützung einer Theorie herangezogen, die von einer Argumentstruktur ausgeht, die invariant hierarchisch strukturiert ist und unter Rektion auf eine binärverzweigende

Schema 2: *Binär rechtsverzweigende VP mit progressiv regierendem Kopf*

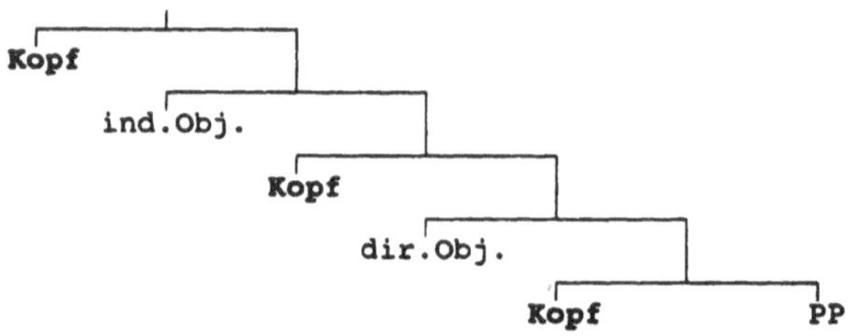

syntaktische Struktur projiziert wird.[31] Dabei ist ein universalgrammatisches Prinzip, daß diese Struktur rechtsverzweigend ist. Die Position des Kopfs in dieser Struktur ergibt sich aus unabhängigen Prinzipien. Eine Konsequenz dieses Modells ist, daß sich OV-Systeme wie Deutsch und VO-Systeme wie Französisch nicht mehr in ihrer Verzweigungsrichtung unterscheiden, sondern nur in der Rektionsrichtung: Der Parameter wird dann in OV-Systemen auf "regressive Rektion" und in VO-Systemen auf "progressive Rektion" gesetzt. Bei progressiver Rektion (nach rechts regierendem Kopf) erfordert die C-Kommando-Bedingung, daß der Kopf so weit nach oben bewegt wird, daß er alle Argumente c-kommandiert. Über jedem Argument wird daher wie in Schema 2 dargestellt in der Struktur eine potentielle (leere) Kopfposition angenommen.

Da wir in der NP aufgrund der Antezedensbedingung eine ähnlich invariante Abfolge der Komplemente festgestellt haben wie in der VP, kann eine rechtsverzweigende Struktur mit invarianter Abfolge der Argumente zumindest eine übersichtlichere

30 Diese Position vertritt für das Französische KOTSCHI (1979).

31 HAIDER (1992).

Darstellung der NP-Struktur ermöglichen. Evidenz für die Anwendung dieser Struktur auf die prädikativen NPs des Französischen liefern aber auch Daten, in denen Phänomene der Bindung zwischen den beiden Komplementen des Nomens eine Rolle spielen, vgl.:

(42) a. la gestion de l'entreprise$_i$ par elle-même$_i$
b. *la gestion d'elle-même$_i$ par l'entreprise$_i$

Elle-même muß gebunden sein und daher in der Struktur tiefer hängen als sein Antezedens *entreprise*. Der oben dargestellte Ansatz von MILNER und GODARD erfüllt diese Forderung nicht, denn dort soll das Subjekt durch N", das Objekt durch N' unmittelbar dominiert sein. Dieselbe Kritik gilt auch für FREYTAGS Vorschlag, das Agens als Argument-Adjunkt an N' zu adjungieren. Auch bei prädikativen Nomina mit zwei Objekten wie *décomposition* in

(43) la décomposition de toute substance$_i$ en ses$_i$ composantes

bestimmt die Bindung der Anapher die Abfolge "*de*-NP vor Präpositionalkomplement".[32] Schema 3 stellt die Parallelität der Strukturen (42a) und (43) dar:

Schema 3: *Die französische NP als binär rechtsverzweigende Struktur*

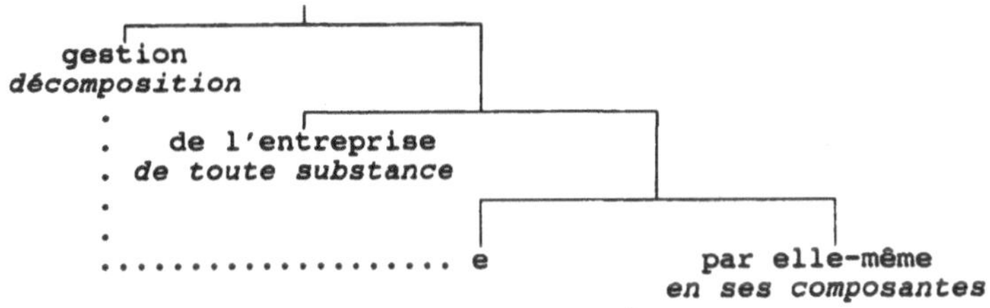

Rein rechtsverzweigende Strukturen können sich als Modell für die Beschreibung der Nominalphrasensyntax eignen, weil durch das Prinzip der Kopfbewegung eine gewisse Flexibilität gegeben ist: Die Position des Kopfs ändert sich in Abhängigkeit von der Zahl der Argumente, die er regieren muß. So kann gleichzeitig der Fakultativität und der festen Abfolge nominaler Komplemente Rechnung getragen werden. Ein Nachteil des Modells liegt möglicherweise darin, daß - wie in (42) und (43) - Subjekte und Objekte dieselbe strukturelle Position einnehmen können.

32 Die von HAIDER (1992) angeführten deutschen Beispiele lauten *die Wut des Mannes auf sich* und *die Zerlegung jeglicher Substanz in ihre Bestandteile*.

Während die Fakultativität der Komplemente des Nomens typisch für beide Sprachen ist, bestehen hinsichtlich der Zahl der maximal realisierbaren Argumentstellen Unterschiede: Für die meisten Sprecher des Französischen sind in der Umgebung des französischen Nomens selbst dann nur maximal zwei Argumente realisierbar, wenn das Basisverb eine höhere Valenz hat, wie das dreiwertige *affranchir*:[33]

(44) La guerre aurait dû affranchir les peuples de l'esclavage

a. L'affranchissement des peuples à travers la guerre
b. L'affranchissement des peuples de l'esclavage
c. ??L'affranchissement des peuples de l'esclavage à travers la guerre

Das Subjekt *guerre* kann nur dann als PP (mit *à travers* oder *par*) angeschlossen werden, wenn nicht gleichzeitig beide Objekte realisiert sind. Dies gilt auch, wenn eines der Argumente durch ein Relationsadjektiv ausgedrückt werden kann, wie *lait* durch *laitier* im folgenden Beispiel:

(45) La mère alimente le nouveau-né de lait

a. L'alimentation du nouveau-né par la mère
b. L'alimentation laitière du nouveau-né
c. ??L'alimentation laitière du nouveau-né par la mère

Weder das Patentschriftenkorpus noch ein größeres Korpus anderer technischer und gemeinsprachlicher Texte enthielten Beispiele für französische dreiwertige prädikative Nomina mit Realisierung aller drei Argumente. Als Hinweis darauf, daß diese Beschränkung nicht im grammatischen, sondern im stilistischen Bereich liegt, genügt aber ein einziger (zufällig gefundener) Beleg für dreiwertig konstruiertes *emprunt*:[34]

(46) Il paraît, par conséquent, vraisemblable que l'emprunt de l'alphabet par les Grecs aux Phéniciens et son adaptation à leur langue aient eu lieu vers la fin du IIe millénaire...

Sollen tatsächlich alle drei Argumente ausgedrückt werden, wird ansonsten der Einschub eines partizipialen "Stützverbs" wie *effectué par, assuré par* usw. bevorzugt, um das Subjekt einzubinden. Auf solche Konstruktionen werden wir in Abschnitt 4.2 ausführlich eingehen.

Was die fakultative Realisierung der Argumente in Abhängigkeit von kontextuellen Faktoren angeht, ähneln prädikative Nomina den dreiwertigen Verben mit fakultativem

---

33 Zu dieser Einschätzung kommen auch STAGE (1986:210) und BARON (1992:26). Beispiele (44) und (45) nach GACHOD (1992:6f).

34 Aus Higounet, Charles (1990[8]): *L'écriture*, Que sais-je? N° 653, Paris: PUF, S. 60.

Objekt wie *habituer, décourager, convaincre, contraindre* und anderen.[35] Bei ihnen ist auf unterschiedliche Arten Valenzreduktion möglich:

(47) a. [Il [convainc le juge]]
b. *[Il [convainc de son innocence]]
c. [Il [convainc$_i$ [le juge [e_i de son innocence]]]]

(48) a. *[le sport [habitue les élèves]]
b. [le sport [habitue à l'effort]]
c. [le sport [habitue$_i$ [les élèves [e_i à l'effort]]]]

(49) a. [la situation [décourage les chercheurs]]
b. [la situation [décourage de continuer]]
c. [la situation [décourage$_i$ [les chercheurs [e_i de continuer]]]]

Auch hier erweist sich die vorgeschlagene syntaktische Struktur als geeignetes Beschreibungsmodell: Nur wenn beide Argumente projiziert werden, verläßt der Kopf seine Basisposition. Ob Valenzreduktion möglich ist und welches der Argumente allein in der Schwesterposition des unbewegten Verbs stehen darf, ist im Lexikoneintrag des Verbs zu spezifizieren.

Analog zu diesem Typ von Verben gehen wir davon aus, daß die französische NP ohne weiteres zwei, ausnahmsweise auch drei postnominale Positionen für die Argumente des prädikativen Nomens enthalten kann. Bei drei projizierten Argumenten wäre der Kopf um eine Stufe höher zu bewegen als in Schema 3. Die erste Position ist eine *de*-NP, die zweite und ggf. dritte ist eine PP, deren Präposition durch das Nomen bestimmt ist. Als Beispiele hier die Strukturen der französischen prädikativen Nomina *démonstration, agression* und *intérêt*:

(50) les étudiants ont apprécié...
a. [la [démonstration du théorème]]
b. $^?$[la [démonstration par le professeur]]
c. [la [démonstration$_i$ [du théorème [e_i par le professeur]]]]

(51) nous avons parlé de...
a. $^?$[l' [agression de Jean]]
b. [l' [agression contre Marie]]
c. [l' [agression$_i$ [de Jean [e_i contre Marie]]]]

35 Vgl. BUSSE/DUBOST (1983^2:xvi).

(52) il est important d'éveiller...

a. [l' [intérêt des étudiants]]
b. [l' [intérêt pour la linguistique]]
c. [l' [intérêt$_i$ [des étudiants [e_i pour la linguistique]]]]

Das fakultative Argument ist wie beim verbalen Passiv das externe Argument. (51a) ist nur akzeptabel, wenn *de Jean* als Ziel der Aggression interpretiert wird. Im Gegensatz zum Verb sind die Fälle, in denen das Nomen zwei Argumente regieren muß, selten. Bei *adhésion* sind die Valenzreduktionen (53a, b) ebenso wie beim Verb *adhérer* nur als kontextuelle Ellipse denkbar:

(53) les collègues ont été surpris par...

a. *[l' [adhésion de Jean]]
b. *[l' [adhésion au parti socialiste]]
c. [l' [adhésion$_i$ [de Jean [e_i au parti socialiste]]]]

Trotz des unterschiedlich ausgeprägten Adjazenzparameters, der Möglichkeit der pränominalen Position des deutschen Genitivkomplements und der in (44) und (45) gezeigten möglicherweise geringeren Ergänzungsfähigkeit französischer Deverbativa können wir für deutsche und französische NPs von derselben syntaktischen Struktur ausgehen. Wichtigster Grund für diese Parallelität ist, daß im Gegensatz zu den VPs beider Sprachen im NP-Bereich kein Unterschied bezüglich der Rektionsrichtung des Kopfs angenommen wird.[36] Auf die vorgeschlagene rechtsverzweigende Struktur für französische NPs wird in Abschnitt 4.2.4 zurückgegriffen, da sie eine übersichtliche und im Hinblick auf die statistische Auswertung des Korpus (Kap. 5) geeignete Behandlung der verbonominalen Prädikate gestattet.

4.2. Verbonominale Prädikate

4.2.1. Definition und Klassifizierung

Verbonominale Prädikate sind Prädikate, in denen weder das Verb noch das Nomen allein die gesamte Bedeutung des Prädikats liefern. Unter diese Definition fallen syntaktische Konstruktionen, die in der Literatur u.a. folgende Bezeichnungen tragen:

---

36 Eine neuere Arbeit von GODARD, deren Daten die hier angenommene Struktur teilweise unterstützen, konnte hier nicht mehr eingearbeitet werden (GODARD 1992).

"Funktionsverbgefüge"[37], "Stützverbkonstruktionen"[38], "Streckformen"[39] und idiomatische Verb-Nomen-Verbindungen. Dieser Abschnitt verfolgt drei Ziele:

- Erstens wird zu zeigen sein, wie diese Konstruktionen sich einerseits voneinander und andererseits von "normalen" Kombinationen von Verben mit NPs oder PPs unterscheiden und inwiefern diese Differenzierungen berechtigt sind.
- Zweitens sollen die für deutsche verbonominale Fügungen gewonnenen Erkenntnisse auf das Französische angewendet werden.
- Drittens sollen die Ergebnisse im Hinblick auf die Auswertung des Korpus (Kap. 5) Kriterien dafür liefern, unter welchen Bedingungen die Bestandteile verbonominaler Konstruktionen als verbale und als nominale Prädikate zu werten sind.

Funktionsverbgefüge bilden eine semantische Einheit und haben im Satz die syntaktische Funktion des Prädikats. Sie sind entweder eine Alternative zu einem Verb oder füllen eine Lücke im verbalen Paradigma. Von den Funktionsverbgefügen unterscheidet HERINGER die festen Verbindungen: "Feste Verbindungen" ist Oberbegriff für "Streckverbindungen" wie in (54) und "idiomatische Verbindungen" wie in (55). Von den Funktionsverbgefügen unterscheiden sie sich durch das Fehlen des regelmäßigen aspektualen Funktionsverbparadigmas und durch die stärkere Fixierung der Lexemverbindung. Bei den idiomatischen Verbindungen ist diese Fixierung am stärksten ausgeprägt, und es liegt häufig eine bildhafte Verwendung vor.[40]

(54) a. {Abschied | Einblick | Notiz} nehmen
b. {Anklage | Protest | Vorwürfe} erheben
c. in Anspruch nehmen

(55) a. Schlange stehen
b. das Weite suchen
c. ins Gras beißen
d. auf der Hand liegen

Typisch für Funktionsverbgefüge ist, daß sich das beteiligte Verb wie ein Flexionsmorphem verhält: Es existiert nur eine begrenzte Anzahl solcher Verben, die - wie die folgenden Beispiele zeigen - auf regelmäßige Weise die verschiedenen Typen von Funktionsverbgefügen bilden. Zu deutschen Funktionsverbgefügen liegen bereits

---

37 "Funktionsverb" findet sich bereits bei VON POLENZ (1963), "Funktionsverbgefüge" bei ENGELEN (1968).

38 Bei SEELBACH (1991) als Übersetzung des in den Arbeiten des L.A.D.L. verwendeten Begriffs *verbe support*.

39 POPADIĆ (1971:16ff). "Streckverbindungen" bei HERINGER (1988:106).

40 HERINGER (1988:106ff). POPADIĆ gebraucht die Bezeichnung "Streckform" nur für Konstruktionen, "in denen wir gegenüber dem Vollverb keinen Mehrwert erkennen können" (1971:16).

zahlreiche Untersuchungen vor, zu französischen verbonominalen Konstruktionen einige neuere Arbeiten.[41] In beiden Sprachen werden die Funktionsverbgefüge in der Regel formal als Verbindungen von Verb, Präposition, Artikel (fakultativ) und Nomen definiert und die Klasse der an Funktionsverbgefügen beteiligten Nomina auf deverbale Nomina actionis beschränkt.[42] Die Leistung der Funktionsverbgefüge besteht in der Differenzierung von durativer und inchoativer Aktionsart, sowie in der Erweiterung der Verbvalenz durch Kausativierung.[43] Kausativierung ist sowohl beim inchoativen Prädikat (56c) als auch beim durativen Prädikat (56d) möglich.[44] Auf die durativ-kausative Variante verzichten wir in den weiteren Beispielen. Da Kausativität keine Aktionsart, sondern eine satzsemantische Beziehung ist, sprechen wir allgemeiner von unterschiedlichen "Lesarten". Je nach beteiligtem Nomen lassen sich verglichen mit dem entsprechenden verbalen Ausdruck, der nicht unbedingt mit der verbalen Basis der Nominalisierung identisch sein muß, drei unterschiedliche "Leistungen" der Funktionsverbgefüge feststellen:

- Die Leistung des Funktionsverbgefüges besteht in der Ergänzung des verbalen Paradigmas: Die verbale Umschreibung unterscheidet nicht zwischen durativer und inchoativer Lesart (56a', 56b'). Da die Verben *berühren* und *toucher* nur zweiwertig sind, können die kausativen Lesarten nicht verbal ausgedrückt werden (56c', 56d').

(56)	a.	X {ist|steht} in Berührung mit Y	X {est|se trouve} en contact avec Y
	a'.	X berührt (sich mit) Y	X touche Y
	b.	X kommt in Berührung mit Y	X entre en contact avec Y
	b'.	X berührt Y	X touche Y
	c.	Z bringt X in Berührung mit Y	Z met X en contact avec Y
	c'.	*Z berührt X mit Y	*Z touche X avec Y
	d.	Z hält X in Berührung mit Y	Z maintient X en contact avec Y
	d'.	*Z berührt X mit Y	*Z touche X avec Y

- Die Leistung des Funktionsverbgefüges besteht in der Zusammenfassung zweier verbaler Prädikate, eines nicht kausativen zweistelligen (hier: *anliegen*) mit einem kausativen dreistelligen (hier: *anlegen*). Durative, inchoative und kausative Lesarten

41 Für das Deutsche VON POLENZ (1963), HERINGER (1968), ENGELEN (1968), HERRLITZ (1973), PERSSON (1975) und BRESSON (1988a, 1988b). Für das Französische JÄGER (1985), DANLOS (1980, 1988) sowie die Arbeiten des L.A.D.L. Für weitere Informationen zum L.A.D.L. vgl. GROSS/VIVÈS (1986:10ff), G. GROSS (1989:7ff, 33) sowie die Bibliographie zur Lexikon-Grammatik von LECLÈRE/SUBIRATS-RÜGGEBERG (1991).

42 Z.B. VON POLENZ (1963), HERINGER (1968), TEN CATE (1991). HERRLITZ (1973) verzichtet auf eine solche Einschränkung.

43 Für weitere Beispiele für Valenzerweiterungen s. HERINGER (1968:61ff).

44 HERINGER unterscheidet diese beiden Fälle auch terminologisch als "Faktitiva" (z.B. *halten*) und "Kausativa" (z.B. *bringen*) (1968:80ff).

können verbal ausgedrückt werden und sind voneinander unterscheidbar. Im Französischen gibt es zu dieser Paarbildung kausativ *vs* nichtkausativ durch Wechsel des Stammvokals kein Äquivalent.

(57) a. X {ist|steht} in Anlage mit Y
a'. X liegt an Y an
b. X kommt in Anlage mit Y
b'. X legt sich an Y an
c. Z bringt X in Anlage mit Y
c'. Z legt X an Y an

• Die Leistung des Funktionsverbgefüges entspricht der des Prädikats. Die dreiwertigen Verben *verbinden* und *lier* können durch Valenzreduktion die durative (Zustandspassiv) und die inchoative Lesart (Reflexiv oder Passiv) voneinander unterscheidbar ausdrücken sowie bei Besetzung aller Argumentpositionen auch die kausative Lesart.

(58)	a. X {ist|steht} in Verbindung mit Y	X est en liaison avec Y
	a'. X ist mit Y verbunden	X est lié avec Y
	b. X kommt in Verbindung mit Y	X entre en liaison avec Y
	b'. X verbindet sich mit Y	X se lie avec Y
	oder: X wird mit Y verbunden	
	c. Z bringt X in Verbindung mit Y	Z amène X en liaison avec Y
	c'. Z verbindet X mit Y	Z lie X avec Y

Zwischen Funktionsverbgefüge und prädikativer Nominalisierung besteht nun folgender Zusammenhang: Wenn das am Funktionsverbgefüge beteiligte Nomen auch ohne das Funktionsverb prädikativ verwendbar ist, dann können alle Leistungen des Funktionsverbgefüges auch durch das Nomen mit einem geeigneten Verb erbracht werden. Zur Unterscheidung vom Funktionsverb nennen wir dieses Verb "Stützverb", die gesamte Verbindung "Stützverbkonstruktion". Bei *Verbindung* und *liaison* ist diese Bedingung erfüllt:

(59)	die Verbindung von X {mit|und} Y (durch Z)	la liaison de X {à|avec|et} Y (par Z)
a.	Es besteht die Verbindung von X mit Y	il existe une liaison de X à Y
b.	Es erfolgt die Verbindung von X mit Y	il s'établit une liaison de X à Y
c.	Z bewirkt die Verbindung von X mit Y	Z provoque la liaison de X à Y
d.	Z erhält die Verbindung von X mit Y aufrecht	Z maintient la liaison de X à Y

Dagegen sind *Ordnung* und *ordre* nur innerhalb eines Funktionsverbgefüges prädikativ verwendbar:

(60) a.	Z bringt X in Ordnung	Z met X en ordre
b.	*die Ordnung von X (durch Z)	*l'ordre de X (par Z)

Die Verben in der Stützverbkonstruktion können ebenso wie die Funktionsverben die Funktion der temporalen und aspektualen Aktualisierung des nominalen Prädikats haben. Beiden Konstruktionen ist weiterhin gemeinsam, daß zwischen den durch das Verb und durch das Nomen ausgedrückten Aspekten kein Widerspruch bestehen darf. Daher ist in den folgenden Beispielen jeweils die durative Variante ungrammatisch:

(61) a. *der Kraftstoff {ist|steht} in Einspritzung
b. der Kraftstoff kommt zur Einspritzung

(62) a. *Es besteht die Einspritzung des Kraftstoffs
b. Es erfolgt die Einspritzung des Kraftstoffs

Zwischen Funktionsverbgefüge (56) und Stützverbkonstruktion (59) besteht nun folgender Unterschied: Im Funktionsverbgefüge sind nicht alle Verben des Funktionsverbparadigmas gleichermaßen akzeptabel. So ist z.B. bei *Verbindung* die inchoative Lesart (58b) ungebräuchlicher als die durative und die kausative. Solche Restriktionen bestehen in der Stützverbkonstruktion nicht. Die dort genannten Verben stehen in einem größeren Paradigma, das nicht nur auf aspektdifferenzierende Verben[45] begrenzt ist:

(63) Man {plant|kritisiert|wählt|überwacht|...} die Verbindung von X {mit|und} Y

Die Verbindung zwischen Verb und Nomen ist also in diesen Fällen weniger stark fixiert als im Funktionsverbgefüge. HELBIG rechnet daher die Stützverbkonstruktionen "allenfalls zur Peripherie des Systems der Funktionsverbgefüge"[46]. Der Grad der Fixierung ergibt eine graduelle Unterscheidung der genannten Konstruktionen:

(64)	idiomatische Verbindung	stark fixiert
	Streckverbindung	↑
	Funktionsverbgefüge	↓
	Stützverbkonstruktion	gering fixiert

Kein geeignetes Kriterium ist dagegen die Reverbalisierbarkeit des komplexen Prädikats, denn sie ist allein von der Existenz und den syntaktischen Eigenschaften eines entsprechenden Verbs abhängig. Sie kann zwar - wie oben - die "Leistung" verbonominaler Konstruktionen im Vergleich zum Verb veranschaulichen, vermag aber nicht,

45 POPADIĆ nennt die nicht kausativen Stützverben (*erfolgen, stattfinden* usw.) "Schwammwörter" (1971:13ff).

46 HELBIG (1984:168).

Streckverbindung, Funktionsverbgefüge und Stützverbkonstruktion gegeneinander abzugrenzen.

4.2.2. Der Ansatz des L.A.D.L.

In den Arbeiten des L.A.D.L. wird vorausgesetzt, daß deverbale Nomina nicht direkt aus Verben abgeleitet sind, sondern indirekt über den Umweg einer Stützverbkonstruktion.[47] Außerdem wird das Attribut "prädikativ" nicht nur abgeleiteten Nomina zugesprochen, sondern auch solchen, die erst durch die Verbindung mit einem Stützverb zum Prädikat werden.[48] GROSS/VIVÈS erwähnen zwar einerseits Verben, die in der verbonominalen Konstruktion in einem relativ großen Paradigma stehen, und andererseits Funktionsverben, die sie als

> des verbes moins spécifiques [...] apparaissant comme des extensions aspectuelles plus «régulières» de certains supports

definieren,[49] aber ihre Definition von *verbe support* umfaßt auch Konstruktionen, die bei HERINGER als "idiomatische Verbindungen" und "Streckverbindungen" gelten würden, z.B.:

(65) Luc a donné carte blanche à Max
Luc hat Max freie Hand gegeben

(66) Luc a donné les pleins pouvoirs à Max de voter pour lui
Luc hat Max (die) Vollmacht erteilt, für ihn zu stimmen (SEELBACH 1991:178)

Somit bezeichnet *verbe support* (und analog "Stützverb" bei SEELBACH) nur die Verben in (59), nicht aber die Verben in (63), denn nur erstere haben "allein die Aufgabe der temporalen (und aktionsartenspezifischen) Aktualisierung"[50]. Das Prädikat ist demnach das Nomen allein, das Verb - vergleichbar der Flexionsendung - nur sein Aktualisator.[51] G. GROSS unterscheidet weiterhin zwischen "emploi causatif" und "emploi support"[52]:

---

47 Z.B. GROSS/VIVÈS (1986:23f).

48 G. GROSS (1989) gibt im Anhang eine ausführliche tabellarische Auflistung abgeleiteter und nicht abgeleiteter "prädikativer" Nomina.

49 GROSS/VIVÈS (1986:19).

50 SEELBACH (1991:172).

51 G. GROSS (1989:7), SEELBACH (1991:175).

52 G. GROSS (1989:29ff) nach M. GROSS (1981) und GROSS/VIVÈS (1986:15ff).

In (67b) ist *donner* kausativer Operator und erhöht die Zahl der Argumentstellen. Das neue Argument gehört daher nicht zum (einwertigen) *complexe*, sondern zu *donner*. In (68b) ist *donner* dagegen Stützverb, weil die Zahl der Argumente konstant ist: *autorisation* ist immer dreiwertig, denn in (68a) kann - im Gegensatz zu (67a) - *de Luc* ergänzt werden.

(67) a. Max a des complexes (*de Luc)
b. Luc a donné des complexes à Max

(68) a. Max a l'autorisation de jouer (de Luc)
b. Luc a donné à Max l'autorisation de jouer

In Anlehnung an die Theorie von HARRIS wird in den Arbeiten des L.A.D.L. die These vertreten, daß das Verhältnis zwischen verbalem und nominalem Prädikat als zweistufige Ableitung erklärbar ist, die vom verbalen Prädikat über die Stützverbkonstruktion und durch Elision des Stützverbs zum prädikativen Nomen führt.[53] Diese Theorie wird u.a. dadurch gerechtfertigt, daß die Form der präpositionalen Argumente - der PPs mit *pour* in (69) und (70) - in der Stützverbkonstruktion und bei der isolierten Nominalisierung identisch, aber nicht aus der verbalen Konstruktion ableitbar ist:

(69) a. Max admire Léa
b. Max a de l'admiration pour Léa
c. L'admiration de Max pour Léa

(70) a. Luc s'intéresse {aux|*pour les} mathématiques
b. Luc a de l'intérêt {*aux|pour les} mathématiques
c. L'intérêt de Luc {*aux|pour les} mathématiques

Diese Äquivalenzbeziehung soll auch die syntaktische Beschreibung nicht abgeleiteter prädikativer Nomina gestatten:

53 GROSS/VIVÈS (1986:22ff), G. GROSS (1989:112ff), SEELBACH (1991:173). Dabei wird weder die verbale noch die nominale Konstruktion ursprünglich betrachtet, sondern zwischen ihnen besteht eine Äquivalenzbeziehung. Letztlich scheint aber auch in den Arbeiten des L.A.D.L. der verbonominalen Fügung eine gewisse Priorität eingeräumt zu werden: "Il nous semble [...] que les constructions nominales à support doivent être considérées comme basiques et permettent, dans nombre de cas, la création de verbes ordinaires nouveaux." (G. GROSS 1989:326).

(71) a. *Max a assentimenté ce projet
b. Max a donné son assentiment à ce projet
c. L'assentiment de Max à ce projet

SEELBACH baut im wesentlichen auf den Ergebnissen des L.A.D.L. auf, betont aber die semantische Struktur des Prädikats als einen essentiellen Faktor für die Determination der Argumente. Er stellt fest, daß bei einigen Nominalisierungen zu ihrer verbalen Basis eine semantische Divergenz besteht, nicht aber zu ihrer Stützverbkonstruktion:

(72) Luc a instruit Max (unterrichten)
≠ Luc a donné des instructions à Max (Instruktionen geben)
= Les instructions de Luc à Max (Instruktionen)

(73) Pierre a averti Pol (benachrichtigen)
≠ Pierre a donné un avertissement à Pol (warnen)
= L'avertissement de Pierre à Pol (Warnung) (SEELBACH 1991:173)

Natürlich sind aber auch beim Verb beide Bedeutungen möglich. Der PETIT ROBERT definiert *avertir* mit "informer (qqn) de qqch. afin qu'il y prenne garde, que son attention soit appelée sur elle". Dieses Ziel der Handlung wird durch die Übersetzung mit *benachrichtigen* unterschlagen. Ebenso kann *instruieren* eine geeignete Übersetzung für das Beispiel *instruire de jeunes soldats* (PETIT ROBERT) abgeben. Deutsche Übersetzungen können kein geeignetes Kriterium für die Definition semantischer Affinitäten zwischen französischen Konstruktionen sein.

Zwar ist dem L.A.D.L. die wohl umfangreichste Materialsammlung zu den Konstruktionsmöglichkeiten prädikativer Nomina zu verdanken, einige der theoretischen Prämissen dieser Arbeiten sind aber schwer nachvollziehbar. Das *verbe support* wird als ein einem Flexionsmorphem vergleichbares, das Prädikat aktualisierendes Element bezeichnet. Es soll dabei die Eigenschaften des Vollverbs, also der lexikalischen Kategorie verlieren und nur funktionale Eigenschaften behalten. Auf welche Weise aber eine solche "funktionale" Kategorie wie *avoir* in (70b) die Komplemente des prädikativen Nomens determinieren, d.h. in die NP "hineinregieren" kann, wird nicht deutlich. Ein möglicher Nachteil entsteht dem L.A.D.L. auch durch die Arbeitsaufteilung innerhalb der Gruppe, denn jeder Autor konzentriert sich auf nur ein *verbe support* oder bestenfalls auf eine Gruppe verwandter Verben. Dadurch wird der Blick auf regelmäßige Ableitungsmöglichkeiten der Argumente aus dem Basisprädikat bei einem Großteil der prädikativen Nomina verschleiert und die syntaktische Autonomie prädikativer Nomina möglicherweise unterschätzt. Die lexikalisch orientierte Methode des L.A.D.L. könnte sich in Sprachen mit weniger stark fixierter substantivischer Valenz als geeigneter erweisen.[54] Aber gerade im heutigen Französisch ist die Form der Komplemente des Nomens ähnlich stark fixiert wie die der Komplemente des Verbs, und eine kohärente Beschreibung kann hier durchaus ohne die möglichen *verbes support* auskommen. Insgesamt liegt die Zielsetzung (und das Verdienst) der Arbeiten des L.A.D.L. weniger auf dem Gebiet der syntaktischen Theoriebildung als auf dem der lexikalischen Materialsammlung.

4.2.3. Das Kriterium der Satzwertigkeit

KAEHLBRANDT untersucht in seiner Arbeit zur französischen Wirtschaftssprache die diachrone Zunahme prädikativer Nominalisierungen. Diese werden durch das Kriterium der Satzwertigkeit definiert. Satzwertig sind Nominalisierungen, die auf Nebensätze oder Paraphrasen mit *le fait que* oder *le fait de* zurückführbar sind.[55] Generell nicht satzwertig seien "verbo-nominale Fügungen". Dieser Begriff umfaßt undifferenziert die von uns in Abschnitt 4.2.1 unterschiedenen Konstruktionen: "Verbo-nominale Fügungen" sind also für KAEHLBRANDT nicht nur die festen Fügungen wie *courir le risque de* oder *mettre en lumière*, sondern auch die freieren Verbindungen wie *procéder à des observations* oder *effectuer la répartition*. Für die Einbeziehung dieser von uns "Stützverbkonstruktionen" genannten Verbindungen führt er zwei Argumente an. Erstens:

> Es handelt sich hier um verbo-nominale Fügungen, die im Korpus durchaus zahlreich sind, ohne aber zweifelsfrei ein fester Bestandteil der französischen Wissenschaftssprache zu sein. Wir fassen daher alle Okkurrenzen von verbo-nominalen Fügungen in einer Klasse zusammen.

Zweitens bemerkt er an gleicher Stelle[56] im Hinblick auf die Syntax, daß die von ihm aufgestellten Paraphrasen für Satzwertigkeit hier nicht greifen,

> da verbo-nominale Fügungen ja aus einem Verb in eine prädikatartige Struktur transformiert werden, nicht aber in ein reines Substantiv.

Das erste Argument lehnen wir ab, weil wir vorgefaßte Urteile über "feste Bestandteile" einer Wissenschaftssprache nicht zur Klassifizierung syntaktischer Konstruktionen heranziehen möchten. Das zweite Argument beruht auf der Opposition zwischen

---

54 Eine solche Sprache könnte das Italienische sein. Vgl. die Darstellung der Valenz von *interessare* und *interesse* bei BLUMENTHAL/ROVERE (1992).

55 "Satzwertig" im Sinne KAEHLBRANDTS hat nichts mit dem in der generativen Grammatik üblichen Begriff zu tun, der Satzkomplemente mit Subjektposition von solchen ohne Subjektposition unterscheidet.

56 KAEHLBRANDT (1989:63f).

"prädikatartigen Strukturen" und "reinen Substantiven". Mit "prädikatartigen Strukturen" sind offensichtlich diejenigen gemeint, die sich auch auf die Position des Verbs erstrecken *(procéder à des observations)*. Da dort die faktive Komponente bereits durch das Stützverb ausgedrückt ist, widersetzt sich das Nomen der Paraphrasierung mit *le fait que*, durch welche die Faktivität doppelt ausgedrückt würde *(*procéder au fait qu'on observe)*. Ein Beispiel soll zeigen, daß KAEHLBRANDTS ansonsten durchaus überzeugendes und auch anwendbares[57] Kriterium der Satzwertigkeit bei den verbonominalen Prädikaten zu einer willkürlichen Klassifizierung führt. In (74a) kann für das semantisch weitgehend entleerte Stützverb *obtenir* auch *effectuer* eingesetzt werden (74b):

(74) a. La correction du champ caractéristique [...] peut être obtenue dans les meilleures conditions par l'intermédiaire de courbes caractéristiques de diodes (P06/35)
b. La correction du champ caractéristique [...] peut être effectuée dans les meilleures conditions par l'intermédiaire de courbes caractéristiques de diodes

Die syntaktische Oberflächenstruktur ist gleich, die Bedeutungsveränderung unbedeutend. Dennoch wäre *correction* nach dem Kriterium der Satzwertigkeit in (74a) eine prädikative Nominalisierung, in (74b) dagegen nicht. Dies liegt daran, daß nur *obtenir*, nicht aber *effectuer* einen Objektsatz zuläßt. Die verbale Variante (75a) stammt aus dem *Französischen Verblexikon*:[58]

(75) a. Il a obtenu que la réglementation sur les licences d'importation soit assouplie
b. Il a obtenu l'assouplissement de la réglementation sur les licences d'importation

Daraus folgt, daß die Nominalisierung *correction* nur in (74a), nicht aber in (74b) durch einen Nebensatz paraphrasierbar ist:

(76) a. Que le champ caractéristique soit corrigé [...] peut être obtenu dans les meilleures conditions par l'intermédiaire de courbes caractéristiques de diodes
b. *Que le champ caractéristique soit corrigé [...] peut être effectué dans les meilleures conditions par l'intermédiaire de courbes caractéristiques de diodes

Die einzige Möglichkeit, auch (74b) verbal zu paraphrasieren, besteht darin, *correction* und *effectuer* gemeinsam durch das Verb *corriger* zu ersetzen. Dies ist allerdings bei KAEHLBRANDT keine "gültige", d.h. Satzwertigkeit definierende Paraphrase:

57 Vgl. unten Kap. 5.1.1.

58 BUSSE/DUBOST (1983^2:222).

(77) Le champ caractéristique [...] peut être <u>corrigé</u> dans les meilleures conditions par l'intermédiaire de courbes caractéristiques de diodes

KAEHLBRANDTS Kriterien sind also für diesen Fall zu restriktiv und würden dazu führen, daß die Subkategorisierungseigenschaften des Verbs in oberflächenstrukturell identischen Konstruktionen über die Prädikativität des Nomens entscheiden.[59] Mit seiner kurzen Darstellung strebt KAEHLBRANDT allerdings nicht eine Klassifizierung, sondern einfach die Ausgrenzung aller "verbo-nominalen Fügungen" und die Beschränkung auf die "reinen Substantive" an. Unser Ziel ist dagegen eine Klassifizierung, die dem Unterschied zwischen (74b) und (77) Rechnung trägt. Für diese Klassifizierung wählen wir ein Kriterium, das ohne Paraphrasebedingungen auskommt, nämlich die syntaktische Realisierung der Argumente des Prädikats im Text. Diese resultiert aus den im folgenden Abschnitt dargestellten Typen der Unifikation von verbalen mit nominalen Argumentstrukturen.

4.2.4. Verbonominale Konstruktionen und die Integrierung von Prädikaten

Bei der Abgrenzung der Funktionsverbgefüge von den Stützverbkonstruktionen haben wir die relative Beschränktheit bzw. relative Offenheit des Paradigmas der beteiligten Verben herausgestellt. *Effectuer* und *obtenir* stehen in beiden Beispielsätzen (74) in einem relativ offenen Paradigma (vgl. *faciliter, provoquer, favoriser, éviter, empêcher* usw.) und können von daher nicht mit Funktionsverbgefügen oder Streckformen gleichgesetzt werden. Das wichtigere Kriterium ist jedoch, daß in den beiden Konstruktionen sowohl das Verb als auch das Nomen eine eigene und voneinander unabhängige Argumentstruktur haben. Die Verknüpfung dieser zwei Strukturen besteht darin, daß das Nomen eine Argumentstelle des Verbs besetzt. Das interne Argument des Nomens bleibt davon unberührt. Im Gegensatz dazu verliert das Nomen in einem Funktionsverbgefüge seine interne Argumentstelle und gibt sie gewissermaßen an das Funktionsverb ab. Es verhält sich dann wie das Nomen in einer präpositionalen Verbindung. Beispiel sei die potentiell dreiwertige Argumentstruktur von *Verbindung*.[60]

---

59 Im Deutschen ergibt sich dieselbe Problematik bei *durchführen* und *erzielen*.

60 Im folgenden sind Argumente von Prädikaten mit X, Y, Z bezeichnet. Dabei ist Z das "ausgezeichnete", "externe" Argument einer Argumentstruktur, vgl. WILLIAMS (1981).

(78) Verbindung (Z, X, Y)

Verschiedene syntaktische Realisierungsmöglichkeiten dieser Struktur sind die NP in (79), die Funktionsverbgefüge in (80) und die präpositionale Verbindung in (81):

(79) die Verbindung von X mit Y durch Z

(80) a. X_i steht in Verbindung $[...]_i$ mit Y
b. Z bringt X_i in Verbindung $[...]_i$ mit Y

(81) [Der Saugrohrdruck sinkt]$_i$ in Verbindung $[...]_i$ mit der Reduzierung der Abgase

Die Koindizierung soll zeigen, daß das prädikative Nomen *Verbindung* sein Argument X an andere Prädikate *(stehen, bringen)* "abgeben" oder als autonomen Satz (81) realisieren kann. Daß X dabei weiterhin Argument von *Verbindung* bleibt, zeigt sich darin, daß der Versuch, die leere Position mit einem weiteren Argument zu besetzen, zu ungrammatischen Strukturen wegen Verletzung des Thetakriteriums führt:

(82) a. *[Das Sinken des Saugrohrdrucks]$_i$ steht in Verbindung [der Benzinzufuhr]$_i$ mit der Reduzierung der Abgase
b. *[Der Saugrohrdruck sinkt]$_i$ in Verbindung [der Benzinzufuhr]$_i$ mit der Reduzierung der Abgase

Die an den Beispielen aufgezeigten Unterschiede in der Argumentstruktur der an den unterschiedlichen verbonominalen Prädikaten beteiligten Nomina lassen sich zu folgender Vorstellung verallgemeinern: Wird das nominale Prädikat in eine Argumentstelle des verbalen Prädikats eingesetzt, so findet eine "Integrierung" der Argumentstrukturen beider Prädikate statt. Wir übernehmen den Begriff "Integrierung" von JACOBS, der ihn als einen Spezialfall der Verbkomplexbildung definiert.[61] Verbkomplexe entstehen z.B. durch Affigierung eines Flexionsmorphems an einen Verbstamm. Sie unterscheiden sich von anderen syntaktisch komplexen Formen dadurch, daß auch Merkmale des Nicht-Kopfs (z.B. die Argumentstellen des Verbstamms) in der Struktur nach oben perkolieren können. Wenn der Verbkomplex nicht durch Flexion entsteht, "sondern durch die Zusammenfügung voller syntaktischer Konstituenten zustandekommt"[62], spricht JACOBS von Integrierung. Diese Theorie eignet sich besonders gut für die Betrachtung der Funktionsverbgefüge und anderer verbonominaler Konstruktionen, unabhängig davon, ob Funktionsverben als volle syntaktische Konstituenten oder als aspektuelle Flexions-

61 JACOBS (1991:10ff). Er behandelt Integrierung im Rahmen seiner "Modularen Valenzgrammatik".

62 JACOBS (1991:10).

morpheme betrachtet werden. An einigen Beispielen wird nun gezeigt, wie solche Integrierungen vor sich gehen und welche Faktoren dabei eine Rolle spielen.

Ob Verben wie dt. *stehen, bringen, kommen* oder frz. *être, mettre, venir* in Funktionsverbgefügen oder isoliert verwendet werden, hat keinen Einfluß auf ihre Argumentstruktur. Damit widersprechen wir der von HELBIG vertretenen Auffassung:[63]

> beim Übergang eines Vollverbs zum FV verliert das betreffende Lexem nicht nur seine ursprüngliche lexikalische Bedeutung [...], sondern auch die ursprüngliche Valenz. Es werden Valenzverhältnisse im FVG konstituiert, die sich quantitativ und qualitativ von den Valenzverhältnissen bei den entsprechenden Vollverben unterscheiden:
>
> | | | |
> |---|---|---|
> | (83) | $bringen_3$ → Sn, Sa, pS (p=zu, in) (=FV) | $bringen_{2+(1)=3}$ → Sn, Sa, (pS) (=Vollverb) |
> | | Sn → keine Selektionsbeschränkungen | Sn → Hum |
> | | Sa → Hum | Sa → ± Anim |
> | | pS → Abstr | pS → Dir |

Nach HELBIGS in (83) wiedergegebener Valenzbeschreibung ist das präpositionale Komplement bei *bringen* als Funktionsverb obligatorisch und als Abstraktum zu realisieren, bei *bringen* als Vollverb hingegen fakultativ und als Direktionalergänzung. Bei den übrigen Argumenten bestehen Unterschiede hinsichtlich der Selektionsbedingungen. Dieser quantitative Valenzunterschied (dreiwertig *vs* 2+(1)-wertig) ist jedoch nur dann nachvollziehbar, wenn der Begriff der Fakultativität so weit gefaßt ist, daß der von HELBIG zitierte Satz (84a) als ebenso vollständig und grammatisch eingestuft wird wie (84b):

(84) a. Er bringt die Arbeit
     b. Er ißt den Kuchen

Aus den genannten qualitativen Unterschieden müßte weiterhin gefolgert werden, daß

(85) a. Er bringt die $Teile_{[-HUM]}$ in Verbindung
     b. Ein $Bus_{[-HUM]}$ brachte die Reisenden zum Hotel

semantisch nicht akzeptabel sind, da *Teile* in (85a) und *Bus* in (85b) nichtmenschliche Substantive sind und somit gegen HELBIGS Einträge verstoßen würden. Der einzige Unterschied, der tatsächlich bezüglich des "Sn" besteht, ist, daß beim Vollverb (86b) kein Abstraktum stehen kann:

---

63 HELBIG (1984:172). Die Abkürzungen bedeuten: S=Substantiv, n=Nominativ, a=Akkusativ, p=Präposition, FV=Funktionsverb, FVG=Funktionsverbgefüge.

(86) a. Die verzwickte Situation brachte die Tante zur Verzweiflung
b. *Die verzwickte Situation brachte die Tante zum Bahnhof

Dagegen stimmen wir mit HELBIGS Meinung überein, das Nomen im Funktionsverbgefüge sei

> ein wesentlicher **Valenzträger** im Satz. Weitere Adverbialien und Objekte hängen nicht direkt vom FV, sondern vom SF und erst über dieses SF von der Gesamtheit des Funktionsverbgefüges ab.[64]

Der einzige für uns wesentliche Unterschied zwischen Funktionsverb und Vollverb besteht darin, daß beim Funktionsverb in die Präpositionalergänzung ein deverbales Nomen mit eigener Argumentstruktur eingesetzt wird. Dabei werden die Argumentstrukturen von Verb und Nomen so integriert, wie es in den folgenden tabellarisch angeordneten Schemata (Schema 5 bis Schema 8) dargestellt ist. Dort ist in der oberen Zeile jeweils das komplexe Prädikat als Ergebnis der Integrierung genannt, darunter stehen die integrierten Teilprädikate. Argumente heißen X, Y, Z. Wir wählen Fügungen mit *liaison* als nominalem Prädikat, weil es zwei obligatorische Ergänzungen hat: X und Y. Diese können entweder ein pluralisches Objekt X+Y oder ein Objekt X und ein Präpositionalobjekt Y bilden. Wir wählen die zweite Möglichkeit, um zu zeigen, wie Präpositionalkomplemente des Nomens in die komplexe Struktur eingehen können. Analog verhalten sich deutsche Fügungen mit *Verbindung*. Den dargestellten Strukturen entsprechen im Korpus Sätze wie die in (87) zitierten:

(87) a. La chambre de pression est en liaison, comme le maître cylindre, avec un réservoir par l'intermédiaire d'un reniflard (03/40)
b. La tige de réglage est maintenue en liaison fonctionnelle avec le piston de commande dans chaque position par un ressort de compression (07/19)
c. Son déplacement en avant provoque tout d'abord la fermeture de l'orifice relié à la rainure circulaire, puis l'ouverture de l'orifice relié à la rainure circulaire, provoquant ainsi la liaison de celle-ci avec la chambre d'assistance (03/48)

Wenn wir für die syntaktischen Strukturen das bereits in ??Schema 2 (S. 94) vorgestellte rechtsverzweigende Modell verwenden, dann geschieht dies nicht nur aus den bereits dargelegten theoretischen Gründen, sondern auch aus dem pragmatischen Grund, daß es besonders geeignet ist, die Strukturen verbaler und nominaler Phrasen parallel untereinanderzuschreiben. Die Vorstellung der Integrierung ist aber nicht auf ein

64 HELBIG (1984:172). SF=Substantiv des Funktionsverbgefüges.

Schema 4: *mettre en liaison (1)*

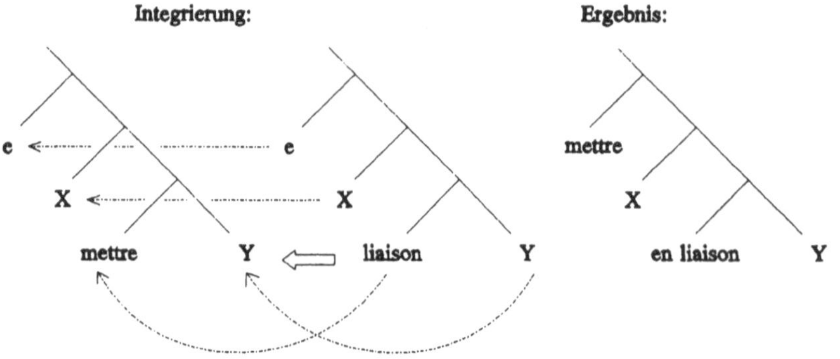

bestimmtes Strukturmodell angewiesen.[65] Die grafische Darstellung in Schema 4 dient zur Veranschaulichung des ersten Beispiels *mettre en liaison*, ansonsten stellen wir die Strukturen in Tabellen dar. In diesen Tabellen sind durch die Indizes "1" und "2" die beiden an der Integrierung beteiligten Prädikate und ihre Argumente unterschieden.

Schema 5 bezieht sich auf das Funktionsverbgefüge *mettre en liaison*. Die unterste Zeile "V2" nennt die Struktur des dem Nomen entsprechenden verbalen Prädikats *lier*, die Zeile "N←V2" die Struktur des aus *lier* abgeleiteten prädikativen Nomens *liaison*. Die Klammern um das Subjekt "Z2" symbolisieren, daß es syntaktisch in dieser Position nicht realisierbar ist, aber dennoch latenter Teil der Argumentstruktur von *liaison* bleibt. Die Zeile "V1" nennt die Struktur von *mettre*. Die Integrierung von *mettre* und *liaison* vollzieht sich in folgenden Schritten:

- *Liaison* kann als PP mit *en* die Position des Präpositionalkomplements von *mettre* einnehmen. (Diese Bedingung für die Integrierung ist in Schema 4 durch den breiten Pfeil symbolisiert.) Es ergibt sich das komplexe Prädikat in der obersten Zeile "V+N".
- Die beiden Argumentstellen X1 von *mettre* und X2 von *liaison* werden unifiziert.
- "X2" in der oberen Zeile bedeutet, daß das Objekt des komplexen Prädikats mit demjenigen des prädikativen Nomens übereinstimmt. "Z2" bedeutet, daß das externe Argument von *mettre* auch das von *lier* bzw. *liaison* ist.
- *Mettre* muß sich in die obere leere Position bewegen, um sein Objekt zu c-kommandieren.
- Die freie Position Y2 ("Objekt 2" von *liaison*) wird in das komplexe Prädikat übernommen.

---

65 Die Darstellung von JACOBS (1991) basiert nicht auf dem X-bar-Modell, sondern orientiert sich zum Teil an GPSG.

Schema 5: *mettre en liaison (2)*

V+N	[Z2	[met$_i$	[X2	[e_i en liaison	avec Y2]]]]
V1	[Z1	[e_i	[X1	[met$_i$	Präp Y1]]]]
N←V2	(Z2)	[e_i	[de X2	[liaison$_i$	avec Y2]]]
V2	[Z2	[e_i	[X2	[lier$_i$	avec Y2]]]]

Aus dieser Unifizierung von Z1 mit Z2 ergeben sich auch die in (86) gezeigten Selektionsbeschränkungen: Sie hängen damit zusammen, daß das Nomen nicht nur "weitere Adverbialien und Objekte" (HELBIG) determiniert, sondern auch die bereits in der Argumentstruktur des Verbs vorhandenen Positionen, indem es sie durch seine eigenen ersetzt. Die in Schema 5 als Ergebnis "V+N" bezeichnete Struktur zeigt, daß die Integrierung nicht zu einer Erweiterung der Struktur geführt hat.

Ähnlich funktioniert die in Schema 6 dargestellte Integrierung von *liaison* und *être* zu *être en liaison*. *Liaison* besetzt zusammen mit der Präposition *en* die Stelle des Präpositionalkomplements von *être*. Im Gegensatz zu *mettre* unifizieren aber das Subjekt von *être* (Z1) und das Objekt von *lier/liaison* (X2), denn nicht die grammatische Funktion, sondern die semantische Rolle ist ausschlaggebend: Beide sind Argumente

Schema 6: *être en liaison*

V+N			[Z1=X2	[est en liaison	avec Y2]]
V1			[Z1	[est	Präp Y1]]
N←V2	(Z2)	[e_i	[de X2	[liaison$_i$	avec Y2]]]
V2	[Z2	[e_i	[X2	[lier$_i$	avec Y2]]]]

eines Zustandsprädikats. Ausgeschlossen ist außerdem die Realisierung der Position Z2 (des externen Arguments von *liaison*), denn im Gegensatz zu *mettre* hat das nicht kausative *être* keine kompatible Argumentstelle, die mit einer Kausalinstanz wie Z2 unifizieren könnte. Das Präpositionalkomplement Y2 wird wie bei *mettre* übernommen.

Tatsächlich ist bei *être en liaison* nie ein Agens als verursachende Instanz möglich. Die folgende Umformung von (87a) ist zwar noch akzeptabel, bedeutet aber nicht, daß die Schnüffelbohrung *(reniflard)* die Verbindung bewirkt hat, sondern nur, daß sie das Verbindungsmedium ist:

(88) La chambre de pression est en liaison avec un réservoir par un reniflard

Daher werden in solchen Kontexten Präpositionen wie frz. *par l'intermédiaire de* oder dt. *über* statt *durch*, die eindeutig die instrumentale Funktion bezeichnen, vorgezogen.

Da die Struktur der Verben, die als Funktionsverben fungieren können, grundsätzlich ein Präpositionalkomplement enthält, kann diese Position immer mit einem Argument des nominalen Prädikats unifizieren. Dies unterscheidet Funktionsverben von den zweiwertigen kausativen Verben wie dt. *vollziehen, bewirken* oder frz. *effectuer, provoquer.* Schema 7 veranschaulicht die Integrierung bei *effectuer la liaison*. Da die Argumentstruktur des zweiwertigen *effectuer* keine weiteren leeren Positionen enthält, die eine Kopfbewegung zulassen, muß die Kontrolle der beiden Argumente X2 und Y2 von *liaison*

Schema 7: *effectuer la liaison*

V+N	[Z2	[effectue la liaison$_i$	[de X2	[e_i	avec Y2]]]]
V1	[Z1	[effectue	X1]]		
N'	(Z2)	[liaison$_i$	[de X2	[e_i	avec Y2]]]
N←V2	(Z2)	[e_i	[de X2	[liaison$_i$	avec Y2]]]
V2	[Z2	[e_i	[X2	[lier$_i$	avec Y2]]]]

übernommen werden, das sich vor der Integrierung in die leere Position über X2 bewegt (Zeile "N'"). Dann rückt das Nomen in die Objektposition von V1, und die Z-Positionen unifizieren wie bei *mettre*. Die übrigen Argumente des Nomens werden in das komplexe Prädikat übernommen. Da nur die Z-Positionen, nicht aber die X-Positionen unifizieren, ist bei Stützverben wie *effectuer* der Grad der Integrierung geringer, und die Argumentstruktur des Nomens bleibt insgesamt autonomer als bei den Funktionsverbgefügen.

Ein noch geringerer Grad der Integrierung tritt bei Verben wie *befürworten, kritisieren; favoriser, critiquer* usw. auf: Da diese Verben nicht faktiv sind, können ihre Z-Positionen nicht mit der von *liaison* unifizieren. Schema 8 (S. 115) zeigt, daß das Subjekt des komplexen Prädikats daher identisch mit dem Subjekt von *favoriser* (Z1) ist, nicht aber mit dem von *lier/liaison* (Z2).

Aus den Daten leiten wir folgende Erkenntnisse ab:

- Alle Argumentpositionen des Verbs müssen besetzt werden.
- Wenn die Argumentstrukturen des Verbs und des Nomens kompatible Positionen aufweisen, müssen diese Positionen unifizieren.

- Voraussetzung für diese Unifizierung ist semantische Äquivalenz (gleiche Thetarolle). Das Produkt der Unifizierung muß die vom Verb geforderte Form haben.
- Argumente des Nomens, die mit einem Argument des Verbs nicht kompatibel sind (verschiedene Thetarollen), dürfen nicht in das komplexe Prädikat übernommen werden.
- Weitere Positionen des Nomens können in das komplexe Prädikat integriert werden.

<u>Schema 8:</u> *favoriser la liaison*

V+N	[Z1	[favorise la liaison$_i$	[de X2	[e_i	avec Y2]]]]
V1	[Z1	[favorise	Y1]]		
N'	(Z2)	[liaison$_i$	[de X2	[e_i	avec Y2]]]
N←V2	(Z2)	[e_i	[de X2	[liaison$_i$	avec Y2]]]
V2	[Z2	[e_i	[X2	[lier$_i$	avec Y2]]]]

Das Modell der Integrierung kann auch die scheinbaren (oberflächenstrukturellen) Valenzunterschiede erklären, die sich ergeben, wenn ein nominales Prädikat mit verschiedenen Verben verbunden ist. Beispiel sei das französische Nomen *intérêt*. Im Gegensatz zum Verb (89c) kann das Nomen nicht kausativ und somit dreiwertig sein, sondern ist nur wie in (90a, b) mit zwei Argumenten kombinierbar: Semantisch gesehen kann die *de*-PP als Experiencer, die *pour*-PP als Thema bezeichnet werden. Wir verwenden die Indizes AG, EX und TH, um die drei Argumente zu markieren:

(89) a. la linguistique$_{TH}$ intéresse les étudiants$_{EX}$
b. les étudiants$_{EX}$ s'intéressent à la linguistique$_{TH}$
c. le professeur$_{AG}$ intéresse les étudiants$_{EX}$ à la linguistique$_{TH}$

(90) a/b. l'intérêt des étudiants$_{EX}$ pour la linguistique$_{TH}$
c. *l'intérêt des étudiants$_{EX}$ pour la linguistique$_{TH}$ par leur professeur$_{AG}$

Geht *intérêt* mit den Verben *avoir, apporter* und *susciter* eine verbonominale Verbindung ein, findet eine Integrierung des nominalen in das verbale Prädikat nach den oben erläuterten Prinzipien statt.[66] Das Ergebnis sind folgende verbonominale Fügungen:

66 Wie *avoir* verhalten sich auch *montrer, manifester* und *témoigner de*. Anstelle von *apporter* ist auch *porter* möglich. Entsprechende deutsche Ausdrücke sind *Interesse haben, Interesse entgegenbringen* und *Interesse wecken*.

(91) a. les étudiants$_{EX}$ ont un vif intérêt pour la linguistique$_{TH}$
b. les étudiants$_{EX}$ apportent un vif intérêt à la linguistique$_{TH}$
c. le professeur$_{AG}$ suscite l'intérêt des étudiants$_{EX}$ pour la linguistique$_{TH}$

In allen drei Strukturen besetzt das Nomen die Position des direkten Objekts des Verbs. In (91a) und (91b) unifiziert der Experiencer mit den Subjektpositionen von *avoir* und *apporter*. Da *avoir* nur zweiwertig ist, kann das Thema aus der Argumentstruktur von *intérêt* formal unverändert in das komplexe Prädikat aufsteigen (91a). Dagegen muß bei dem dreiwertigen *apporter* das Thema von *intérêt* die dritte Argumentstelle des Verbs sättigen und sich daher formal anpassen (91b). *Susciter* in (91c) kann als Kausativierung der Konstruktion mit *avoir* bezeichnet werden: (z CAUS (x AVOIR y)). Die Subjektposition von *susciter* ist eine Kausalinstanz, die nicht mit dem Experiencer von *intérêt* unifizieren kann, sondern nur mit einem semantisch gleichwertigen Argument. Hierfür kommt nur das in der rein nominalen Konstruktion (90c) "unterdrückte" Argument *professeur* in Frage. Die Beschränkung nominaler Prädikate auf zwei Argumente[67] kann also durch die Verbindung mit einem geeigneten verbalen Prädikat umgangen werden. Durch *professeur* und *intérêt* sind die beiden Argumentstellen von *susciter* gesättigt, und die beiden Argumente von *intérêt* (Thema und Experiencer) werden unverändert ins komplexe Prädikat übernommen.

Die syntaktische Priorität der übergeordneten verbalen Argumentstruktur zeigt sich in dem syntaktisch gesehen eindeutigen Unterschied zwischen den thematischen Argumenten in (91a) und (91c) einerseits und (91b) andererseits. In (91b) ist *à la linguistique* Argument des Verbs, auch wenn es seinen semantischen Ursprung in der Struktur des Nomens hatte. Ein Indiz hierfür ist - abgesehen von der Präposition (*à* statt *pour*) - die Tatsache, daß die beiden Komplemente von *apporter* für die meisten Sprecher des Französischen ohne weiteres permutierbar sind. *Pour la linguistique* in (91a) und (91c) sind dagegen Argumente des Nomens. Bei Permutation würden die Argumente vor ihrem Regens zu stehen kommen, was - außer bei pronominalisierten Argumenten - zu nicht akzeptablen Strukturen führt:[68]

(92) a. ??les étudiants ont pour la linguistique un vif intérêt
b. les étudiants apportent à la linguistique un vif intérêt
c. ??le professeur suscite pour la linguistique l'intérêt des étudiants

---

67 Vgl. S. 96.

68 Das Akzeptabilitätsurteil bezieht sich auf unmarkierte Fälle. Möglicherweise sind (92a) und (92c) akzeptabler, wenn die bewegten Phrasen segmentiert, also von Kommata bzw. Sprechpausen umrahmt sind.

In anderen Arbeiten wird die *pour*-PP in (91a) und (91c) übrigens nicht als rein nominales Komplement gesehen: Für GROSS/VIVÈS ist sie gleichzeitig Komplement des Nomens und Komplement des komplexen verbonominalen Ausdrucks,[69] für BLUMENTHAL "je nach Wortstellung und Interpretation" entweder Komplement des Verbs oder des Nomens.[70] Indiz für eine solche Ambiguität könnte die Möglichkeit sein, *de*-PPs in bestimmten Fällen entweder beim Verb mit *en* oder beim Nomen mit Possessivpronomen zu pronominalisieren:

(93) il a surveillé la distribution des biens

a. il *en* a surveillé la distribution
b. il a surveillé *leur* distribution

4.3. Zusammenfassung

Der Vergleich deutscher und französischer Nominalphrasen in Abschnitt 4.1 hat gezeigt, daß die strukturellen Unterschiede zwischen deutschen und französischen NPs weniger ausgeprägt sind als im Bereich der Nominalkomposition. Eine kontrastive Untersuchung der syntaktischen Realisierung von Argumenten prädikativer Nomina im Korpus wäre daher wenig ergiebig. Hinzu kommt, daß in 78% der Fälle nur eines der möglichen Argumente des Nomens realisiert ist. Eine systematische textorientierte Untersuchung der möglichen Abfolgen der Konstituenten (z.B. von Scrambling-Phänomenen) innerhalb der NP müßte sich daher auf ein wesentlich größeres Korpus stützen. An den Patentschriften ließen sich bestenfalls Aussagen über die Form der Realisierung machen, die aber in hohem Maße standardisiert ist: So ist das Objekt im Deutschen in 80% der Fälle eine Genitiv-NP und in 15% eine PP, im Französischen in 82% der Fälle eine PP. Möglicherweise wäre für weiterführende Untersuchungen in diesem Bereich ein nichtfachsprachliches Korpus, in dem die Strategien zur Agensreduktion weniger ausgeprägt sind, eine geeignetere Basis. Die Auswertung des Patentschriften-Korpus im folgenden Kapitel verfolgt daher das allgemeinere Ziel, auf Satz- und Textebene die Faktoren herauszuarbeiten, die die Wahl bestimmter Prädikattypen beeinflussen.

Die vorgeschlagene rechtsverzweigende Struktur der Nominalphrase hat sich als ein geeignetes Modell zur Darstellung "variabler" Argumentstrukturen erwiesen: Sowohl

69 GROSS/VIVÈS (1986:14).

70 BLUMENTHAL (1992:126): Komplement des Verbs ist die PP in dem Relativsatz *le vif intérêt que manifestent ces gens pour les choses banales*.

Argumentreduzierung in rein nominalen Konstruktionen als auch Argumenthinzufügung in verbonominalen Konstruktionen sind mit der Bewegung des Kopfes erklärbar.

In Abschnitt 4.2 wurden Beschreibungen deutscher und französischer verbonominaler Konstruktionen und ihre Unzulänglichkeiten im Hinblick auf die Korpusauswertung dargestellt. Das in Abschnitt 4.2.4 vorgeschlagene übereinzelsprachlich anwendbare Konzept der Integrierung hat die folgende Klassifizierung verbonominaler Konstruktionen ergeben:

- Typ 1: Zwei Argumente des Nomens unifizieren mit Argumenten des Verbs (Funktionsverben: *stehen, kommen, bringen; être, venir, mettre* und einige dreiwertige Verben, wie *apporter* mit *intérêt*).
- Typ 2: Ein Argument des Nomens unifiziert mit dem externen Argument des Verbs *(vollziehen, bewirken; effectuer, provoquer)*.
- Typ 3: Kein Argument des Nomens unifiziert mit einem Argument des Verbs *(befürworten; favoriser)*.

Von Typ 1 über Typ 2 bis Typ 3 wächst die Autonomie des prädikativen Nomens. Bei Typ 3 ist die maximale Autonomie erreicht, weil alle Argumente des Nomens unabhängig vom verbalen Prädikat realisiert werden, ebenso wie bei prädikativen Präpositionalphrasen, in denen die regierende Präposition auch keinen Einfluß auf die Argumente des Nomens hat.

KAEHLBRANDTS in Abschnitt 4.2.3 diskutiertes Kriterium der Satzwertigkeit zur Definition prädikativer Nominalisierungen mußte zwangsläufig eine Grenze zwischen Typ 2 und Typ 3 ziehen, denn sobald mindestens ein Argument des Nomens mit einem Argument des Verbs unifiziert, steht bei Reverbalisierung des Nomens (KAEHLBRANDTS Test für Satzwertigkeit) keine ausreichende Zahl von Argumenten mehr zur Verfügung, um die Argumentstellen beider verbaler Prädikate zu sättigen. Für die folgende statistische Auswertung des Korpus ziehen wir dagegen die Grenze zwischen Typ 1 und Typ 2, denn erstens haben wir mit dem Kontrast zwischen *effectuer* und *obtenir* gezeigt, daß sonst eine wesentlich feinere Unterteilung der die nominalen Prädikate regierenden Verben nötig wäre, und zweitens erscheint es nicht sinnvoll, ein gegebenes Argument, z.B. eine *de*-PP, als Komplement eines Verbkomplexes einzustufen, wenn sowohl seine Form als auch seine Position von nominalgruppenspezifischen Regeln bestimmt werden.

5. Prädikate im Text

5.1. Klassifizierung der Prädikate und Definition

In jedem Satz des Originals und dem ihm entsprechenden Text in der Übersetzung wurde die Zahl der Prädikate ermittelt. Dabei wurde zwischen nominalen und nichtnominalen Prädikaten unterschieden. Nominale Prädikate sind nach ihrem Regens weiter in präpositional regierte und verbal regierte unterteilt. Zu den nichtnominalen Prädikaten gehören finite Verben, Partizipien, Infinitive und Adjektive.[1] Zunächst werden die Kriterien für die Zuordnung von Formen zu den Prädikatsklassen dargestellt und an Beispielen erläutert.

5.1.1. Nominale Prädikate

Nomina sind dann als Prädikate gewertet, wenn sie Sätze kondensieren, "satzwertig" sind. Das Kriterium der Satzwertigkeit wurde bereits im Zusammenhang mit den verbonominalen Konstruktionen angesprochen (Abschnitt 4.2.3). Es ist nach KAEHLBRANDT erfüllt, wenn das nominale Prädikat durch ein verbales Prädikat unter bestimmten Bedingungen paraphrasierbar ist.[2] Die Paraphrasebedingungen sind nötig, um prädikative Formen von sekundären, nicht prädikativen Bedeutungsentwicklungen zu unterscheiden.[3] Typisch für die sekundäre, nicht prädikative Lesart ist, daß sie im Gegensatz zu den prädikativen Formen nicht mit *le fait que/le fait de* oder als Komplementsatz (1), sondern nur als Relativsatz paraphrasierbar ist (2):

(1) la <u>production</u> de cette machine reviendrait trop cher
  a. <u>le fait de produire</u> cette machine reviendrait trop cher
  b. <u>Produire</u> cette machine reviendrait trop cher

---

1 In den Tabellen und im weiteren Text werden für die Prädikattypen folgende Abkürzungen verwendet: NOM (verbal regierte Nomina), PNOM (präpositional regierte Nomina), VF (finite Verben), VP (Partizipien), VI (Infinitive), VA (Adjektive). Um die umständliche Bezeichnung "nichtnominale Prädikate" zu vermeiden, bezeichnen wir mit "verbalen Prädikaten" auch prädikativ gebrauchte Adjektive (vgl. S. 123).

2 Auf die früheren Arbeiten zur Satzwertigkeit kann hier nicht eingegangen werden. MÖSLEIN (1968), LÜDTKE (1978) und LITTMANN (1981) werden bei KAEHLBRANDT kurz diskutiert (1989:38ff).

3 Die Bezeichnungen "sekundäre Bedeutungsentwicklung" oder "Topikalisierung" stammen von LÜDTKE (1978:60f). Andere Autoren unterscheiden "prädikative" und "resultative" Nominalisierungen bzw. "event nominals" und "result nominals", z.B. GRIMSHAW (1989:Kap. 3).

(2) la production a été victime des flammes
  a. ce qui a été produit a été victime des flammes
  b. *le fait de produire a été victime des flammes
  c. *produire a été victime des flammes

Wir übernehmen für die Arbeit am Korpus die bei KAEHLBRANDT ausführlich dargestellten Kriterien für die Satzwertigkeit nominaler Gruppen[4] sowie die separate Betrachtung prädikativer Präpositionalphrasen, die bei KAEHLBRANDT "präpositionale satzwertige Nominalgruppen" heißen, und benutzen die Abkürzungen PNOM für präpositional regierte prädikative Nomina und NOM für alle anderen prädikativen Nomina. Die aufgestellten Kriterien lassen sich ohne weiteres auf beide Sprachen anwenden. Im folgenden Beispiel ist sowohl *Überwachung* als auch *surveillance* durch einen nichtrelativischen Nebensatz oder einen Infinitivsatz ersetzbar:

(3)	Die durchlaufende Überwachung der ELAB-Funktion ist daher wegen der Bedeutung des ELAB unbedingt erforderlich (P04/28)	La surveillance courante du fonctionnement de l'ELAB est en conséquence, inconditionnellemnt nécessaire à cause de la signification de l'ELAB

PNOM sind diejenigen PPs, die als adverbialer Nebensatz paraphrasierbar sind, wie in (4) die PPs mit *bei* und *lors de*, die in einen konditional oder temporal interpretierbaren Nebensatz mit *wenn* und *lorsque* überführbar sind:

(4)	Bei Verwendung des PTFE-Pulvers als Zusatz zur elektrochemisch aktiven Masse von positiven Elektroden ist der elektrochemisch aktiven Masse zwischen 0,001 und 0,5 Gewichtsprozent beizufügen (P11/19)	Lors de l'emploi de la poudre PTFE comme additif à la masse active électro-chimique des électrodes positives, il faut ajouter à la masse active électro-chimique entre 0,001% et 0,05% en poids

Nicht zur Klasse PNOM, sondern zu NOM gehören nach diesem Kriterium Kombinationen von Präposition und prädikativem Nomen, wenn sie ein Präpositionalobjekt bilden, d.h. wenn das Verb die Präposition subkategorisiert, wie *führen zu* und *aboutir à:*

(5)	... da diese Überprüfung ja gerade zu einem Abstellen des Motors führen würde. (P04/30)	... car cette vérification aboutirait précisément à un arrêt du moteur.

4 KAEHLBRANDT Kap. 4.2.2 (1989:44ff).

5.1.2. Verbonominale Prädikate

Verbonominale Prädikate wurden in Abschnitt 4.3 in drei Typen unterschieden. Verbonominale Prädikate des Typs 1 (Beispiel: *mettre en liaison*) sind als nichtnominale Prädikate gewertet, zählen also je nach der Form ihres verbalen Bestandteils zu einer der Kategorien VF, VP und VI. Ihr nominaler Bestandteil erscheint in der Statistik nicht als nominales Prädikat. Bei Fügungen der Typen 2 und 3 (Beispiel: *effectuer la liaison* und *favoriser la liaison*) ist mindestens ein Argument als Komplement des Nomens realisiert, also als Genitiv-NP oder PP. Hier werden sowohl das Verb als auch das Nomen als Prädikate gezählt. Die Anzahlen der verbonominalen Typ 1-Prädikate, die als verbale Prädikate gewertet sind: In D→F 73 deutsche und 114 französische, in F→D 65 deutsche und 98 französische.

5.1.3. Verbale Prädikate

Bei den verbalen Prädikaten liegt das Problem nicht in der Definition der Prädikativität, sondern in ihrer Klassifizierung. Zu "finiten Verben" (VF) gehören neben allein vorkommenden finiten Verben auch Kombinationen von finitem Modalverb und Infinitiv. Im folgenden Satz sind *aufbauen+kann* und *peut+s'établir* jeweils gemeinsam als ein VF gezählt (bzw. als ein VP oder VI, wenn das Modalverb ein Partizip oder Infinitiv ist):

(6) Weil sich aber wegen der geöffneten Ventileinrichtung zwischen Hilfskolben und Kolben des Hauptzylinders kein Druck <u>aufbauen kann</u>, bleiben beide in gegenseitiger Anlage und verschieben sich gemeinsam um den gleichen Weg. (P03/8)

Cependant, comme il ne <u>peut s'établir</u> aucune pression entre le piston auxiliaire et le piston du maître cylindre, puisque la soupape est ouverte, les deux pistons demeurent en butée mutuelle et se déplacent ensemble de la même course.

Die modale Komponente ist dabei als eine Prädikation über das Prädikat des Hauptverbs aufzufassen. Sie hat keinen Einfluß auf die Zahl der Argumente. In Konstruktionen, in denen das übergeordnete Verb die Argumentstruktur erweitert, werden dagegen zwei Prädikate gezählt. Damit entsprechen wir der für die verbonominalen Konstruktionen verwendeten Methode. Ein Prädikat muß also mindestens ein Argument haben, das nicht gleichzeitig Argument eines anderen Prädikats ist. Diese Bedingung trifft im französischen Text des folgenden Beispiels zu, wo *permet* und *réaliser* als je ein Prädikat zählen (VF und VI): *cela* ist Argument nur von *permet*, und *un rapport de pression...* ist Argument nur von *réaliser*:

(7)	Es ist aber damit auch möglich, ein bestimmtes Druckverhältnis zu erreichen, um einer erforderlichen Bremsenabstimmung Rechnung zu tragen. (P03/108)	Mais cela permet aussi de réaliser un rapport de pression bien défini pour tenir compte de l'équilibre de freinage indispensable.

Daß *cela* nicht gleichzeitig Argument von *réaliser* ist, ist in der Oberflächenstruktur schwer erkennbar, denn *réaliser* hat in (7) kein eigenes Subjekt, wir gehen aber davon aus, daß eine leere Kategorie vorhanden ist, die jederzeit lexikalisch realisiert werden kann und nicht mit dem Subjekt von *permet* koindiziert ist, so wie bei *permet* und *être déplacé* in (8). Die Argumente des zweiwertigen *déplacer* sind *élément de commande* und *piston du maître cylindre*; *cela* ist eindeutig Argument nur von *permet:*[5]

(8)	Dies ermöglicht, dass bei Ausfall des Servodruckes der Kolben des Hauptzylinders unmittelbar vom Betätigungsglied verschoben wird...	Cela permet à l'élément de commande, si la servo-pression fait défaut, de déplacer directement le piston du maître cylindre...

Folglich liegt im deutschen Text von (7) nur ein Prädikat vor, denn *damit* ist kein Argument, und *ist möglich* verhält sich ebenso wie *kann* in (6); in (8) werden dagegen wie im französischen Text zwei Prädikate gezählt.

Partizipien zählen als Prädikate (VP), wenn mindestens eines ihrer Komplemente realisiert ist und dieses Komplement nicht mit dem Nomen identisch ist, von dem das Partizip abhängt. Im Französischen ist das *participe présent* in diesem Fall unflektiert (im Gegensatz zum *adjectif verbal*). Prädikate (VP) sind daher die markierten Formen in (9), nicht aber die in (10):

(9)	La figure 6 est une vue en perspective d'un porte-cales pourvu d'une succession d'encoches correspondant à autant de positions de réglage en hauteur le long d'une tige (non représentée). (P13/37)	[...] Fig. 6 eine perspektivische Darstellung eines Klemmstückträgers, der mit einer Reihe von Ausnehmungen entsprechend den verschiedenen Höheneinstellungen über die Höhe eines (nicht gezeigten) Schaftes versehen ist;

5 Wir könnten auch hier das Modell der Integrierung aus Abschnitt 4.2.4 bemühen: *permettre* ist dreistellig *(Z1 permet à X1 de Y1)*, *réaliser* ist zweistellig *(X2 réalise Y2)*. *Réaliser* sättigt Y1, X2 unifiziert mit X1 *(élément de commande)*, Z1 *(cela)* und Y1 *(maître cylindre)* bleiben frei und werden in die Gesamtstruktur übernommen. X1 kann bei passivischem Infinitiv auch mit dessen anderem Argument unifizieren. In der GB-Theorie symbolisiert man die Unifizierung mit einer mit dem Objekt von *permettre* koindizierten leeren Kategorie *PRO*.

(10)	Comme on le voit, la barrette transversale du porte-cales entoure le tendon d'Achille et les cales s'étendent chacune au-dessus de la protubérance du calcanéum jusqu'à la malléole correspondante. (P13/98)	Wie der Figur entnommen werden kann, läuft die Querstange des Klemmstücketrägers um die Achillessehne herum, und die Klemmstücke erstrecken sich jeweils oberhalb des Vorsprungs des Fersenbeines bis zum jeweils entsprechenden Knöchel.

Das für prädikative Nomina gewählte Kriterium der Paraphrasierbarkeit durch Sätze ist für Adjektive nicht ausreichend, denn die meisten attributiven Adjektive sind in Relativsätze umformbar. Zwar sind Adjektive logisch gesehen Prädikate (meist einstellige, seltener mehrstellige), syntaktisch gesehen sind sie aber nicht autonom: Ebenso wie nominale Prädikate sind sie im Satz an das Vorhandensein eines verbalen Prädikats gebunden. Auch hier hilft uns das Modell der Integrierung, diejenigen Adjektive zu definieren, die im Korpus als Prädikate zählen sollen. Betrachten wir zunächst die traditionell als "prädikativ" (11a) und "attributiv" (11b) bezeichneten Verwendungen des Adjektivs:

(11) a. Der Druck ist hoch
b. Es bildet sich ein hoher Druck

Im prädikativen Fall (11a) besetzt das Adjektiv eine Argumentstelle des zweistelligen verbalen Prädikats *ist*, und sein Argument *Druck* unifiziert mit der zweiten Argumentstelle des Verbs. Die Integrierung vollzieht sich hier wie bei den verbonominalen Fügungen des Typs 1 und ist kennzeichnend für die Kopulaverben. Für den attributiven Fall (11b) gibt es im verbonominalen Bereich keine Parallele, denn eine Integrierung der Prädikate findet insofern nicht statt, als das Adjektiv keine Argumentstelle des Verbs sättigen kann. Sein Argument muß aber mit einem Argument des Verbs unifizieren. In beiden Fällen hat das Adjektiv kein Argument, das es allein regiert. Daher zählen wir diese Adjektive nicht als adjektivische Prädikate (VA). Da in der prädikativen Konstruktion (11a) das adjektivische in das verbale Prädikat integriert ist, werden beide gemeinsam als ein verbales Prädikat gezählt (je nach Form des Verbs als VF, VP oder VI).

Mehrstellige Adjektive können dagegen "eigene" Argumente haben. In semantischer Hinsicht sind dies Argumente, die nicht mit Argumentstellen anderer Prädikate unifizieren; in syntaktischer Hinsicht sind diese Argumente in der Adjektivphrase realisiert. Mehrstellig sind deverbale Adjektive (12a), relationale Adjektive (12b) und Komparativa (12c). Im Deutschen sind nur die deverbalen und relationalen Adjektive attributiv konstruierbar:

(12) a. die [$_{AP}$ für den Fahrer fühlbare] Rückwirkungskraft
b. der [$_{AP}$ zur verdrängten Menge proportionale] Stellweg
c. *die [$_{AP}$ als die Innentemperatur höhere] Außentemperatur

In Fällen wie dem deverbalen und dem relationalen Adjektiv, in denen ein Argument des Adjektivs nicht mit einem Argument eines anderen Prädikats unifiziert, in der AP realisiert und somit allein vom Adjektiv regiert ist, zählen wir das Adjektiv als Prädikat (VA). Weitere Beispiele für adjektivische Prädikate sind *koaxial mit, komplementär zu; conforme à, suffisante pour* usw.

5.2. Die Ergebnisse der Auszählungen

5.2.1. Textbezogene Auszählungen

Tabelle (13) nennt die absoluten Zahlen für nominale und nichtnominale Prädikate und ihren prozentualen Anteil an der Summe aller Prädikate der Texte. Der Anteil nominaler Prädikate ist mit 16,4% bis 25% im Verhältnis zu gemeinsprachlichen Texten sehr hoch. Der Übersetzungsvergleich (Spalten 1 mit 4 und Spalten 2 mit 3) zeigt, daß im Französischen der Anteil nominaler Prädikate um etwa drei Prozentpunkte geringer ist als im Deutschen. Der sprachinterne Vergleich ergibt höhere Differenzen: Auf deutsch verfaßter Text (D→) hat einen um knapp sechs Prozentpunkte höheren Anteil nominaler Prädikate als die deutsche Übersetzung (→D); dagegen hat im Französischen die Übersetzung (→F) einen um knapp sechs Prozentpunkte höheren Anteil.

(13) Anzahl und Anteile nominaler und nichtnominaler Prädikate:

	D → F			
		F → D		
	D→	→D	F→	→F
nominale Prädikate	719 (25,0%)	712 (19,3%)	616 (16,4%)	705 (22,1%)
nichtnominale Prädikate	2159 (75,0%)	2993 (80,7%)	3152 (83,6%)	2487 (77,9%)
Summe	2878	3705	3768	3192

Zwar werden bei der Übersetzung D→F nominale deutsche in nichtnominale französische Prädikate überführt, gemessen an F→ ist der Anteil nominaler Prädikate in der französischen Übersetzung aber immer noch zu hoch. Umgekehrt werden bei der Übersetzung F→D nicht genügend Prädikate nominalisiert.

Die in Tabelle (13) an der Summe aller Texte belegte Tendenz wurde auch an jeder einzelnen Patentschrift verifiziert: Tatsächlich hat keine französische Patentschrift einen höheren Anteil nominaler Prädikate als ihr deutsches Pendant; nur bei drei Patentschriften erreichte der französische Text in etwa die Werte des deutschen (in D→F P10 mit 23%, P11 mit 24%; in F→D P20 mit 20%).

Die Unterscheidung von präpositional regierten und verbal regierten nominalen Prädikaten sowie von vier verschiedenen Klassen nichtnominaler Prädikate bei der Auszählung wird aber zeigen, daß nicht pauschal von Tendenzen der "Verbalisierung" und der "Nominalisierung" gesprochen werden kann. Die Tabellen nennen für jeden der unterschiedenen Prädikattypen seinen Anteil an der Summe aller Prädikate (14) sowie die Differenzen dieser Anteile (15) unter den Gesichtspunkten Übersetzungsvergleich und sprachinterner Vergleich.

(14) **Anzahl und Anteil der Prädikattypen**

	D → F			
		F → D		
	D→	→D	F→	→F
präd. NP (NOM)	370 (12,9%)	399 (10,8%)	415 (11,0%)	448 (14,0%)
präd. PP (PNOM)	349 (12,1%)	313 (8,5%)	201 (5,3%)	257 (8,1%)
Finitum (VF)	1640 (57,0%)	2339 (63,1%)	1680 (44,6%)	1667 (52,2%)
Partizip (VP)	352 (12,2%)	427 (11,5%)	1066 (28,3%)	578 (18,1%)
Infinitiv (VI)	69 (2,4%)	151 (4,1%)	286 (7,6%)	189 (5,9%)
Adjektiv (VA)	98 (3,4%)	76 (2,1%)	120 (3,2%)	53 (1,7%)
alle Prädikate	2878	3705	3768	3192

(15) Differenzen der prozentualen Anteile der Prädikattypen [Prozentpunkte]

	Übersetzungsvergleich		sprachinterner Vergleich	
	D→|→F	→D|F→	D→|→D	F→|→F
präd. NP (NOM)	+1,1%	+0,2%	-2,1%	+3,0%
präd. PP (PNOM)	-4,0%	-3,2%	-3,6%	+2,8%
Finitum (VF)	-4,8%	-18,5%	+6,1%	+7,6%
Partizip (VP)	+5,9%	+16,8%	-0,7%	-10,2%
Infinitiv (VI)	+3,5%	+3,5%	+1,7%	-1,7%
Adjektiv (VA)	-1,7%	+1,1%	-1,3%	-1,5%

Mit Anteilen zwischen 45% und 57% sind finite Verben in allen Texten erwartungsgemäß die häufigsten Prädikate. Im Deutschen ist dieser Anteil höher als im Französischen. Wegen des auffallend niedrigen Anteils von VF in F→ ist diese Differenz bei F→D mit knapp 19 Prozentpunkten wesentlich deutlicher als bei D→F mit knapp fünf Prozentpunkten.

Bei den Partizipien - der zweithäufigsten Art verbaler Prädikation - hebt sich F→ dagegen durch einen überdurchschnittlich hohen Anteil ab: Während in D→F französische VP nur um knapp sechs Prozentpunkte häufiger sind, beträgt die Differenz in F→D fast 17 Prozentpunkte.

Auch hier wurden die Auszählungen an jeder einzelnen Patentschrift verifiziert, um irreführende Ergebnisse z.B. durch gegenläufige Tendenzen in verschiedenen Einzeltexten auszuschließen. Die Ergebnisse illustrieren die beiden Grafiken in Abb. 1 für nominale und verbale Prädikate getrennt. Die adjektivischen Prädikate sind wegen ihrer geringen Anteile und aus Gründen der Übersichtlichkeit nicht grafisch dargestellt. In jeder Patentschrift wurde für einen gegebenen Prädikattyp der deutsche prozentuale Anteil vom französischen prozentualen Anteil subtrahiert. Die Differenz in Prozentpunkten ist auf der *y*-Achse angetragen, die Nummern der Patentschriften auf der *x*-Achse. Positive Werte für *y* bedeuten also einen im Französischen höheren Anteil, negative Werte einen im Französischen niedrigeren Anteil des gegebenen Prädikattyps an der Summe der Prädikate. Wenn im folgenden von "Abnahme" und "Zunahme" gesprochen wird, so ist dies immer in der Perspektive Deutsch → Französisch zu verstehen. Zur besseren Unterscheidung der Prädikattypen wurden in der Grafik die Punkte verbunden und die Flächen unter den Linien unterschiedlich schraffiert.

Es wird deutlich sichtbar, daß die Differenzen bei den nominalen Prädikaten in den Texten D→F und bei den finiten Verben und Partizipien in den Texten F→D ausgeprägter sind. Für die verschiedenen Prädikattypen zeichnen sich jedoch quer durch alle Einzeltexte verhältnismäßig einheitliche Tendenzen ab:

Abb. 1: Differenzen der prozentualen Anteile der Prädikattypen

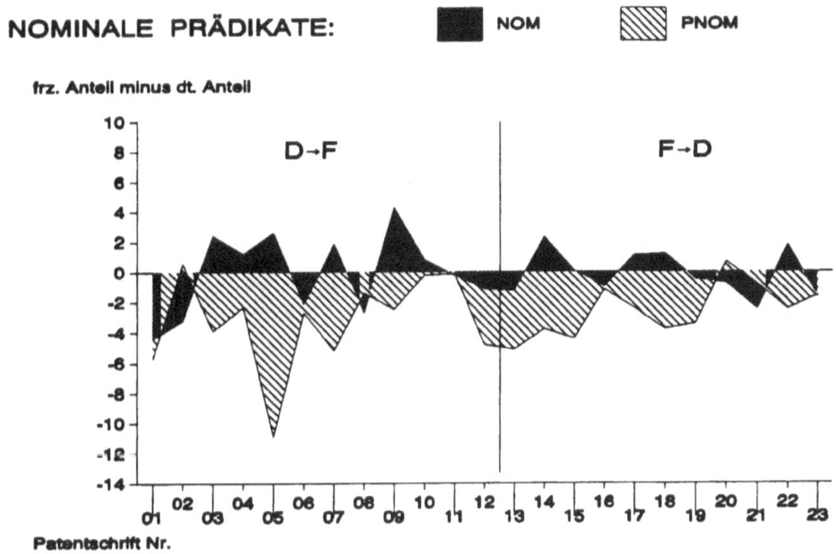

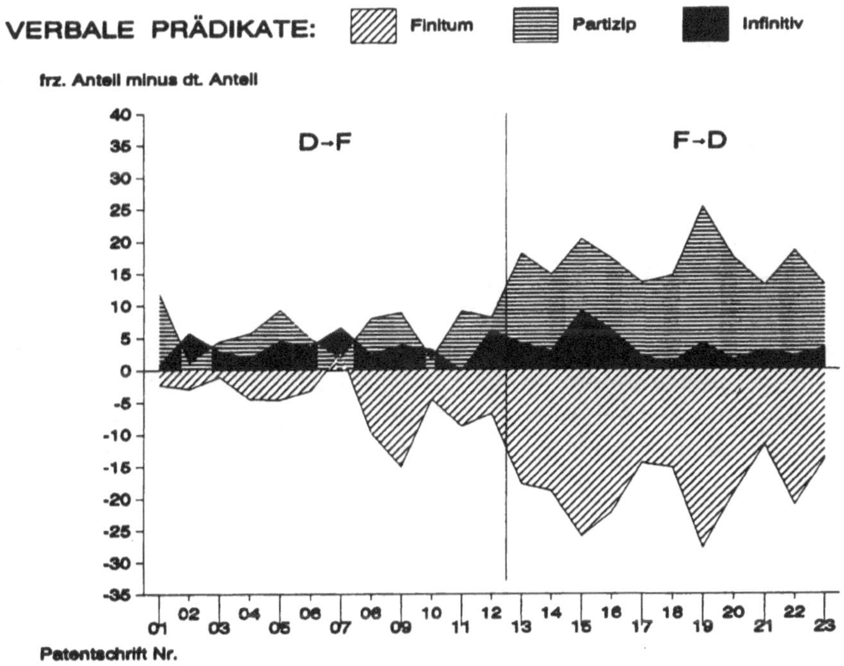

- Nominale Prädikate: bei NOM geringe Zu- und Abnahmen, bei PNOM geringe Abnahmen. Nur bei der Patentschrift P05 ist bei PNOM eine mittlere Abnahme zu beobachten: Der französische Anteil liegt dort 10,9% unter dem deutschen Anteil.
- Verbale Prädikate: bei finiten Verben mittlere (D→F) bis starke (F→D) Abnahmen, bei Partizipien mittlere (D→F) bis starke (F→D) Zunahmen und bei Infinitiven geringe Zunahmen.
- Adjektive (nicht in der Grafik dargestellt): sehr geringe Zu- und Abnahmen.

Diese Tendenzen könnten herangezogen werden, um einige in der Fachsprachenforschung aufgestellte Thesen zu untermauern. Die Kurven für finite Verben im negativen Bereich und für Partizipien im positiven Bereich verlaufen nahezu symmetrisch zur Nullachse. Dies könnte die Hypothese stützen, in den Textpaaren entsprächen deutsche finite Verben französischen Partizipien. Die zahlreichen anderen möglichen Interaktionen zwischen den Anteilen der verschiedenen Prädikattypen würden aber durch solche Folgerungen ignoriert. Im folgenden Abschnitt werden daher Ergebnisse dargestellt, die auf Auswertungen jedes einzelnen Satzes und seiner Übersetzung basieren.

5.2.2. Satzbezogene Auszählungen

Aus dem Korpus wurden alle Fälle selektiert, in denen bei der Übersetzung ein Wechsel des Prädikattyps stattgefunden hat. Die Ergebnisse sind in den Tabellen (16) und (17) aufgelistet und bestätigen die aus der textbezogenen Statistik ohne syntaktische Detailanalyse gewonnenen Ergebnisse. Der nach den in Abb. 1 dargestellten Daten naheliegende Zusammenhang zwischen finiten Verben und Partizipien findet sich immerhin teilweise bestätigt: Zwischen deutschem Finitum und französischem Partizip finden tatsächlich die meisten Prädikatwechsel statt. Die zahlenmäßig weniger bedeutenden Interaktionen zwischen Prädikattypen beider Sprachen werden dagegen erst in der satzbezogenen Auswertung sichtbar. Auch über das Weglassen bzw. Hinzufügen von Prädikaten bei der Übersetzung sind erst jetzt genaue Aussagen möglich. Insgesamt veränderten sich bei der Übersetzung D→F 590 und bei der Übersetzung F→D 845 Prädikattypen. Die höhere Zahl in F→D beruht auf dem großen Anteil an Veränderungen innerhalb des verbalen Bereichs (vgl. 5.2.2.3). Im Anschluß an die Tabellen werden die wichtigsten Korrelationen (mit mehr als 20 Fällen) diskutiert und mit Beispielen belegt. Die Prozentangaben unter den Überschriften geben jeweils den Anteil an der Summe der Veränderungen an.

(16) Veränderung des Prädikattyps bei der Übersetzung D→F

→F D→	NOM_F	$PNOM_F$	VF_F	VP_F	VI_F	VA_F	Ø	Summe
NOM_D		6	14	1	15	-	7	43
$PNOM_D$	18		28	10	40	2	6	104
VF_D	23	4		67	29	6	15	144
VP_D	1	1	31		6	1	6	46
VI_D	2	-	5	2		-	4	13
VA_D	10	4	23	20	2		7	66
Ø	17	15	38	81	13	10		174
Summe	71	30	139	181	105	19	45	590

(17) Veränderung des Prädikattyps bei der Übersetzung F→D

→D F→	NOM_D	$PNOM_D$	VF_D	VP_D	VI_D	VA_D	Ø	Summe
NOM_F		28	7	-	1	1	7	54
$PNOM_F$	2		7	3	-	-	8	20
VF_F	-	4		6	1	13	55	79
VP_F	-	17	339		4	3	65	428
VI_F	19	32	44	1		-	17	113
VA_F	-	-	55	7	1		3	66
Ø	12	22	30	13	4	4		85
Summe	33	103	482	30	11	21	155	845

Erläuterungen: In der linken Spalte (vertikal) ist der Prädikattyp der Quellsprache genannt.
In der oberen Reihe (horizontal) ist der Prädikattyp der Zielsprache genannt.
Ø = kein Prädikat

Lesebeispiel: (Tabelle 16) "Deutsche finite Verben werden 23mal mit französischen prädikativen Nomina übersetzt."

5.2.2.1. Veränderungen innerhalb des nominalen Bereichs

(D→F: 4,1%, F→D: 3,6% aller Veränderungen)

In beiden Übersetzungsrichtungen entsprechen französische prädikative Nominalphrasen häufig deutschen prädikativen Präpositionalphrasen. In F→D ist diese Entsprechung etwa doppelt so häufig wie in D→F. Die Gründe für den Wechsel des Prädikats sind jedoch je nach Übersetzungsrichtung unterschiedlich. In D→F zeichnet sich deutlicher als in F→D die Tendenz ab, als deutsche Präpositionalphrasen realisierte Adjunkte im Französischen an Subjektposition, also als Komplemente, zu realisieren:

(18)	Durch eine Vorspannung des Wegsimulators 40 wird erreicht, dass im Verstärkerraum 4 schon ein bestimmter Druck herrscht, bevor der Hilfskolben 12 verschoben wird (P03/109)	La précontrainte du simulateur de course permet d'obtenir aussi qu'une pression prédéterminée s'établisse déjà dans la chambre d'assistance 4 avant que ne se déplace le piston auxiliaire 12.

Entsprechungen dieser Art sind in der deutsch-französischen Stilistik seit langem bekannt und werden zur Unterstützung der These des "höheren Aktivitätsgrades" des französischen Satzes herangezogen. Untersuchungen von Texten des Fachs Neurophysiologie weisen darauf hin, daß in fachsprachlichen Texten besonders die Kausalbezeichnungen von dieser Umformungstendenz betroffen sind.[6] Unsere Auszählungen bestätigen dies für die Übersetzung D→F. Bei der Übersetzung F→D scheint den Übersetzer die Beibehaltung französischer kausaler Subjekte dagegen weniger zu stören.

Neben diesem primär auf stilistischen Präferenzen beruhenden Unterschied kann der Übergang von der deutschen Präpositionalphrase zur französischen Nominalphrase aber auch sekundär durch Unterschiede in anderen grammatischen Bereichen ausgelöst werden. So gibt es im Deutschen die Determinierung von Nominalisierungen durch bestimmte attributive Adjektive, die kein französisches Äquivalent haben und daher meist nicht ohne Strukturänderung ins Französische übertragen werden können, wie *weiteren* in Beispiel (19). Die Präpositionalphrase muß zu einem französischen adverbialen Nebensatz aufgelöst werden, in dem die Nominalisierung Subjekt eines Stützverbs ist. Der Übergang $PNOM_D \rightarrow NOM_F$ ist hier also nicht stilistisch bedingt, sondern sekundäre Folge aus Unterschieden im System:

(19)	[...] um dem Fahrer während des weiteren Betriebs des Kraftfahrzeugs deutlich anzuzeigen, daß eine Überprüfung in einer Werkstatt erforderlich ist. (P04/74)	[...] pour indiquer clairement au conducteur, tandis que la marche du véhicule automobile se poursuit, qu'une vérification dans un atelier est nécessaire.

6 BLUMENTHAL (1983:60).

Im gleichen Sinne sekundär und in D→F wie in F→D anzutreffen sind die Fälle, in denen die durch eine deutsche Präposition ausgedrückte Relation durch eine französische Konjunktion wiedergegeben wird, wobei im konjunktionalen Nebensatz ein Stützverb eingefügt werden muß (in (20) und (21) *obtenir* und *permettre*). Im zweiten Fall wäre auch ein partizipialer Anschluß möglich *(permettant...)*. Durch die Einfügung des Stützverbs wird die prädikative Präpositionalphrase ($PNOM_D$) zur prädikativen Nominalphrase (NOM_F):

(20)	Abgesehen davon, daß dieser Unterdruck für eine größere Verstärkung nicht beliebig vergrößert werden kann, zeichnet sich ab, daß in Verbindung mit der Reduzierung der schädlichen Abgase der Saugrohrunterdruck geringer wird. (P05/3)	Indépendamment du fait que cette dépression ne peut être augmentée à volonté lorsqu'on veut obtenir une forte augmentation de l'effort de freinage, il se dessine, en relation avec le souci de réduire le dégagement de gaz d'échappement nocifs, une tendance à une diminution de la dépression dans le collecteur d'admission.
(21)	le bas de coque peut ainsi être d'une seule pièce enveloppante et être surmonté d'une tige comportant une manchette et un capot arrière, ce dernier étant pivotable vers l'arrière pour permettre le chaussage du pied. (P14/34)	So kann besonders bevorzugt die Unterschale bei dem betreffenden Schuh aus einem einzigen Guß-Aufnahmeteil bestehen, das von einem Schaft überragt wird, der aus einer Manschette und einer hinteren Abschlußkappe besteht, wobei letztere zum Ein- bzw. Aussteigen des Fußes in den Schuh nach hinten verschwenkt werden kann.

Typisch für die Übersetzung F→D sind die bereits im Kapitel 3 bei den Nominalkomposita behandelten Probleme. Dort konnten durch die Wahl des deutschen Kompositums als Ausgangspunkt der Untersuchung Fälle wie (22) nicht systematisch berücksichtigt werden, in denen der Übersetzer die Möglichkeit zur Bildung eines deutschen Kompositums nicht nutzt. Diese Formen treten nun als Entsprechung $NOM_F \rightarrow PNOM_D$ auf, weil im Deutschen die finale Relation zwischen Objekt *(Vorrichtung)* und Handlung *(Festspannen, Verschließen)* außerhalb eines Kompositums mit einer finalen Präposition ausgedrückt sein muß. Der Genitiv ist ausgeschlossen. Dagegen ist die französische Präposition *de* polyfunktionaler und macht den unspezifischen Anschluß an *dispositif* möglich. Die theoretisch möglichen Kompositionen zu *Festspannvorrichtung für den Fuß* bzw. *Fußfestspannvorrichtung* wurden in Kapitel 3 bereits diskutiert:

(22) La présente invention est relative à un perfectionnement au dispositif de serrage du pied et de fermeture de la tige sur le bas de jambe du skieur dans les chaussures de ski à bas de coque rigide et à entrée du pied par l'arrière et qui fait l'objet de la revendication 1 du brevet français 8220887 délivré et publié sous le N° 2536965. (P20/4)

Die vorliegende Erfindung betrifft eine Verbesserung für eine Vorrichtung zum Festspannen des Fußes und zum Verschließen des Schaftes auf dem unteren Beinteil des Skiläufers in Skischuhen mit starrem Schalenunterteil und mit Eintritt des Fußes von hinten, welche Gegenstand der FR-PS 2536965 ist.

Vereinzelt zeigen sich auch Fälle, die sich unter der Opposition "deutsche Einordnung" *vs* "französische Zuordnung" zusammenfassen lassen.[7] Damit ist gemeint, daß im Deutschen der Zusammenhang zwischen Sachverhalten oder Dingen und ihrer zeitlichen oder räumlichen Umgebung durch entsprechende temporale oder lokale Präpositionen expliziter ausgedrückt ("eingeordnet") wird als im Französischen, wo in diesen Kontexten häufig nur die semantisch entleerte ("zuordnende") Präposition *de* auftritt:

(23) La figure 15 montre un détail du calage du talon vu selon une ligne de coupe XV-XV de la figure 14. (P13/96)

In Fig. 15 ist ein Detail beim Verklemmen der Ferse dargestellt und zwar in einer Schnittdarstellung längs Schnitt XV-XV aus Fig. 14.

Die dargestellten Veränderungen innerhalb des nominalen Bereichs zeigten den Zusammenhang zwischen $PNOM_D$ und NOM_F. Prädikatwechsel in entgegengesetzter Richtung (zwischen NOM_D und $PNOM_F$) kommen nicht in signifikanter Anzahl vor. Insgesamt leistet diese Tendenz einen kleinen Beitrag zum festgestellten allgemein geringeren Anteil prädikativer Präpositionalphrasen in den französischen Texten.

5.2.2.2. Veränderungen zwischen nominalem und nichtnominalem Bereich

5.2.2.2.1. Deutsch nominal, Französisch verbal

(D→F: 18,7%, F→D: 8,5% aller Veränderungen)

Verbale Entsprechungen deutscher Nominalisierungen (NOM_D und $PNOM_D$) sind hauptsächlich französische finite Verben (VF_F) und Infinitive (VI_F). Daß präpositional regierte Nominalisierungen ($PNOM_D$) als Adverbiale durch die entsprechenden adverbialen Nebensätze wiedergegeben werden können (finit oder infinit), bedarf keiner

7 Vgl. BLUMENTHAL (1992:118f) zum fehlerhaften Präpositionengebrauch deutscher Französischlernender.

weiteren Erläuterung. Nicht präpositional regierte nominale Prädikate sind dagegen von einem verbalen Regens abhängig. Die Umformung in eine verbale Konstruktion ist nur dann möglich, wenn dieses Regens sowohl eine Nominalisierung als auch einen Nebensatz als Komplement zuläßt. Solche Verben verbinden sich mit dem Nomen meist zu verbonominalen Konstruktionen des Typs 3 (vgl. Abschnitt 4.3).

Betrachten wir zunächst die finiten Verben. Zwei Dinge fallen auf. Erstens kommt hier in keinem der Fälle ein "Typ 3-Verb" als Regens vor, sondern es handelt sich immer um Stützverbkonstruktionen (Typ 2), die unter Verbalisierung des Nomens und Elision des Stützverbs ins Französische übertragen wurden. Zweitens gibt es die Äquivalenz "deutsches prädikatives Nomen = französisches Finitum" nur in D→F. Der Umkehrfall $VF_F \rightarrow NOM_D$, d.h. Nominalisierung mit Stützverbeinfügung im Deutschen kommt also nicht vor. Da die grammatischen Möglichkeiten in beiden Sprachen die gleichen sind, handelt es sich hier nicht um grammatische Notwendigkeit, sondern um stilistische Präferenz des Übersetzers. *Le montage en série s'effectue* in (24) oder *la surveillance des canaux est effectuée* in (25) wären ohne weiteres möglich gewesen:

(24)	Die elektrische Reihenanordnung der einzelnen Durchgänge erfolgt über Verbindungen 8, die den Ausgang des ersten Durchganges mit dem Eingang des zweiten Durchganges und dessen Ausgang mit dem Eingang des dritten Durchganges galvanisch verbinden. (P01/27)	Les voies de passage sont montées électriquement en série par l'intermédiaire de lignes de connexions 8 qui relient galvaniquement la sortie de la première voie de passage à l'entrée de la deuxième voie de passage et la sortie de cette dernière à l'entrée de la troisième voie de passage.
(25)	Die Ventilüberwachung der beiden Kanäle 14 und 15 wird von zwei Sitzventilen 16 und 17, einem Einlaßventil 17 und einem Auslaßventil 16 durchgeführt, deren Ventilsitze 18 und 19 an den Kanalausmündungen in die Kammer 12 gebildet sind. (P08/35)	Les deux canaux 14 et 15 sont contrôlés par deux soupapes à siège 16 et 17, une soupape d'admission 17 et une soupape d'échappement 16, dont les sièges 18 et 19 sont formés aux embouchures des canaux 14 et 15 dans la chambre 12.

Die finite Konstruktion (adverbialer Nebensatz) als Übersetzung einer deutschen Präpositionalphrase ist wesentlich häufiger, aber ebenfalls fast ausschließlich auf D→F beschränkt. Nur viermal wird in F→D ein Nebensatz zur Präpositionalphrase kondensiert.

Dagegen wird die Infinitivkonstruktion universal eingesetzt, denn sie übersetzt adverbiale Präpositionalphrasen ebenso wie verbal regierte Nominalphrasen. Dabei ist das übergeordnete Prädikat oft eine Kausalbezeichnung. Typisch sind Verben wie *permettre, procurer, empêcher* usw.:

(26)	Die Erfindung ermöglicht also in vorteilhafter Weise: - Die zwangsweise Überwachung des ELAB im Motorbetrieb [...]; - Die Vermeidung undefinierter Einflüsse (P04/47)	L'invention permet ainsi avantageusement: - la surveillance impérative de l'ELAB pendant le fonctionnement du moteur [...], - d'éviter des influences non définies

Im Gegensatz zum Finitum kommt der französische Infinitiv als Entsprechung nominaler Prädikate gleichermaßen in beiden Übersetzungsrichtungen vor. Insgesamt wird aber bei der Übersetzung D→F fast doppelt so häufig verbalisiert wie bei der Übersetzung F→D nominalisiert. Ein Beispiel aus F→D:

(27)	De cette manière, la mise sous tension du brin 26 tend à faire basculer la plaque d'appui 38 vers l'avant en l'amenant en contact avec la zone tibiale du bas de jambe du skieur, ce qui permet de répartir la pression tibiale. (P21/58)	Hierdurch verursacht das Unterspannungsetzen des Stranges 26 ein Verschwenken der Abstützungsplatte 38 nach vorn, wobei sie in Berührung mit dem Schienbeinbereich des unteren Beinteils des Skiläufers kommt, was eine Verteilung des Schienbeindruckes ermöglicht.

Beispiel (28) zeigt in einem Satz beide Möglichkeiten: Die Verbalisierung der deutschen finalen PP *zur Vermeidung* ($PNOM_D \rightarrow VI_F$) und des nominalen Prädikats *Zuordnung* ($NOM_D \rightarrow VI_F$), dem Komplement von *ist erforderlich*, das ebenso wie *est nécessaire* Nomina und Nebensätze regieren kann:

(28)	Zur weitgehenden Vermeidung von Fördermengenstreuungen der Kraftstoffeinspritzpumpe ist eine Zuordnung der Kraftstoffördermenge zum induktiven Wegaufnehmersignal erforderlich. (P07/25)	Pour supprimer dans la plus large mesure possible les écarts du débit de refoulement de la pompe d'injection de carburant, il est nécessaire de mettre la quantité de carburant refoulé en accord avec le signal du capteur de déplacement inductif.

5.2.2.2.2. Deutsch verbal, Französisch nominal

(D→F: 7,6%, F→D: 2,2% aller Veränderungen)

Die häufigste Veränderung in diesem Bereich ist die Übersetzung des deutschen finiten Verbs durch eine französische Nominalisierung ($VF_D \rightarrow NOM_F$). Dieser Wechsel ist gut geeignet, den Konflikt zwischen gängigen Thesen des deutsch-französischen Sprachvergleichs darzulegen. Eine allgemeinere These besagt, das Französische tendiere stärker zum verbalen, das Deutsche dagegen stärker zum nominalen Ausdruck. Die meisten der

Fälle aus dem Korpus, die gegen diese These sprechen, beinhalten allerdings kausale Relationen. Hier besagt eine zweite These, im Französischen werde die Ursache bevorzugt als Argument des Verbs ausgedrückt (meist als Subjekt), im Deutschen dagegen häufiger als Umstandsangabe.[8] Die kausale Verknüpfung zweier Prädikate vereinfacht den Prädikatwechsel, denn das Stützverb, das bei Nominalisierung beider Prädikate eingefügt werden muß, ist nicht redundant, weil semantisch entleert, wie in den Beispielen (24) und (25), sondern übernimmt wie *produire* in (29) den Ausdruck der kausalen Relation. Die Eingliederung der Umstandsangabe in den französischen Satzbauplan fällt daher häufig mit ihrer Nominalisierung zusammen:

(29)	Würde sie brechen, fiele die Bremse vollständig aus. (P09/52)	Sa rupture produirait une défaillance totale du frein.

In (30) liegt eine dreigliedrige kausale Kette vor, in der die Relationen durch *bei* und *so daß* ausgedrückt sind. Im ersten Glied der Kette findet eine Umformung $PNOM_D \rightarrow NOM_F$ *(Bei einer Bewegung → son déplacement)* statt, wie sie bereits in Abschnitt 5.2.2.1 behandelt wurde. Sie erfordert die Einfügung des ersten Kausalverbs *(provoque)*, dessen Komplemente die Nominalisierungen des zweiten Glieds sind *(fermeture, ouverture)*. Anstelle des konjunktionalen Anschlusses wird ein zweites, partizipiales Kausalverb *(provoquant)* eingesetzt, dessen Komplement wiederum die Nominalisierung des dritten Glieds der Kausalkette ist *(liaison)*:

(30)	Bei einer Bewegung nach vorn wird von ihm zunächst die Öffnung zur Ringnut 17 verschlossen und anschliessend die Öffnung zur Ringnut 18 freigegeben, so dass diese mit dem Verstärkerraum verbunden wird. (P03/48)	Son déplacement en avant provoque tout d'abord la fermeture de l'orifice relié à la rainure circulaire 17, puis l'ouverture de l'orifice relié à la rainure circulaire 18, provoquant ainsi la liaison de celle-ci avec la chambre d'assistance.

Diese Realisierung der Ursache als Subjekt führt im Französischen außerdem zu einer anderen Thema-Rhema-Abfolge. Während im Deutschen mit dem Wechsel passivischer Prädikate auch das Thema wechselt (von *Öffnung 17* zu *Öffnung 18*), kann im Französischen bei konstantem Kausalverb das Thema unverändert bleiben *(déplacement)*. Eine detailliertere Untersuchung des Zusammenhangs zwischen kausalen und anderen Relationen im Referenzbereich und der Bevorzugung bestimmter Prädikattypen folgt in Abschnitt 5.3.

---

8 Die Ausprägung dieser Tendenz ist abhängig von der Zahl kausaler Relationen im Text. Bei naturwissenschaftlichen Texten unterscheiden sich beide Sprachen daher stärker als in Texten des Verwaltungsrechts, vgl. BLUMENTHAL (1983).

5.2.2.3. Veränderungen innerhalb des nicht-nominalen Bereichs

(D→F: 32,5%, F→D: 56,1% aller Veränderungen)

Die meisten Veränderungen erfolgen zwischen deutschem Finitum und französischem Partizip. Während sich dieses Prädikatpaar in D→F (also $VF_D \rightarrow VP_F$) mit gut 11% aller Fälle nur leicht von den übrigen Anteilen abhebt, macht es in F→D ($VP_F \rightarrow VF_D$) 40% aus und ist allein für die dort wesentlich höhere Summe aller Veränderungen verantwortlich (845 gegenüber 590 in D→F). Zu diesem quantitativen Unterschied paßt auch, daß die entgegengesetzte Tendenz, also deutsches Partizip und französisches Finitum, nur in D→F signifikant vertreten ist (31 Fälle für $VP_D \rightarrow VF_F$).

Daß Partizipialkonstruktionen im Französischen wesentlich häufiger als im Deutschen sind, ist bekannt. Sie entsprechen deutschen Relativ- und Adverbialsätzen. In Fachtexten kommt mit dem besonders ausgeprägten Streben nach Unmißverständlichkeit ein Faktor hinzu, der diese Entsprechung begünstigt. Beispiel (31) aus D→F zeigt einen typischen Fall:

(31)	[...] daß eine bei Startmengen-Freigabe ansprechende Prüfungsschaltung (19) vorgesehen ist, die das elektromagnetische Sicherheits-Abschaltventil (ELAB) zur Unterbrechung der weiteren Kraftstoffzufuhr ansteuert und gleichzeitig durch Auswertung von Rückmeldesignalen feststellt, ob Einspritzungen erfolgen. (P04/103)	[...] qu'il est prévu un circuit de vérification (19), réagissant lors de la libération de la quantité de carburant au démarrage, ce circuit commandant la soupape électromagnétique d'arrêt de sécurité (16) pour interrompre la poursuite de l'alimentation en carburant, et constatant simultanément, par exploitation de signaux en retour, si des injections s'effectuent.

Da das französische Relativpronomen genusinvariant ist, hätte die Beibehaltung des Relativsatzes zu falschem oder zumindest uneindeutigem Bezug geführt, denn das nächste Antezedens für *qui commande...* wäre nicht *circuit de vérification*, sondern die NP *libération de la quantité de carburant au démarrage* gewesen. Der relative Anschluß wäre zwar wegen der Wiederholung des Antezedens ebenfalls möglich *(circuit qui commande)*, aber weniger üblich als der Partizipialanschluß. Die Partizipien *ansprechende/réagissant* in (31) und *angeordnet/disposé, bildenden/constitué* in (32) sind Beispiele dafür, daß die Partizipialkonstruktion bei der Übersetzung D→F in den meisten Fällen beibehalten werden kann. Typisch ist allerdings, daß mit *wobei* angeschlossene Nebensätze wie in (32) partizipial übersetzt werden; ein temporaler oder lokaler Anschluß (z.B. mit *tandis que, où, dans lequel*) ist selten.

(32)	Bei einer bekannten Kraftstoffeinspritzpumpe für Dieselmotoren wird ein im Gehäuse der Kraftstoffeinspritzpumpe angeordneter Pumpenkolben in eine hin- und hergehende und gleichzeitig rotierende Bewegung versetzt, wobei Kraftstoff aus dem den Saugraum bildenden Gehäuseinnenraum der Einspritzpumpe zum Pumpenkolben fließt. (P04/6)	Dans une pompe d'injection de carburant connue pour des moteurs diesel, un piston de pompe disposé dans le boîtier de la pompe d'injection de carburant est animé d'un mouvement de va et vient, et simultanément, d'un mouvement de rotation, du carburant en provenance de l'espace d'aspiration constitué par l'espace interne du boîtier de la pompe d'injection s'écoulant alors vers le piston de la pompe.

Die festgestellte Diskrepanz zwischen den Übersetzungsrichtungen D→F und F→D beruht nun darauf, daß die grammatischen Möglichkeiten des Französischen die des Deutschen implizieren: Abgesehen von den in (31) belegten Referenzproblemen beim Relativpronomen können im Französischen alle attributiven und adverbialen Bestimmungen auch ohne Strukturveränderung (und damit Änderung des Prädikattyps) nachvollzogen werden. Daß die dabei entstehende französische Übersetzung nicht mit einem französischen Originaltext vergleichbar ist, also einen Verstoß gegen die Norm darstellt, haben bereits die textbezogenen Auszählungen gezeigt, die für F→ eine 2,5mal so hohe Zahl von Partizipien ausweisen wie für →F (vgl. Tab. 14). Bei der Übersetzung ins Deutsche ist die Änderung der Konstruktion dagegen eine Notwendigkeit, weil attributive Partizipien im Deutschen pränominal zu realisieren sind. So geläufig die "Klammerbildung" in der deutschen Verbphrase ist, so ungebräuchlich ist sie in der Nominalphrase. Französische Satzgefüge mit über zehn Partizipialformen sind im Korpus durchaus geläufig. Aber schon die überschaubare Anzahl von Partizipien in (33) schließt eine Beibehaltung der Struktur aus:

(33)	La chaussure comporte un dispositif de calage 12 comportant une cale 16, 16' s'étendant de chaque côté de la zone du tendon d'Achille dans le creux des malléoles situé au dessus de la protubérance du calcanéum, ladite cale étant fixée à un porte-cales 14 pourvu de moyens de réglage en hauteur 17, 17' disposés selon l'axe médian vertical de l'arrière de la tige. (P13/2)	Der Schuh weist dabei eine Spanneinrichtung (12) für die Ferse mit mindestens einem Klemmstück (16, 16') auf, das sich beidseits der Zone der Achillessehne in die Einbuchtung der Knöchel oberhalb des Vorsprungs des Fersenbeines erstreckt, wobei dieses mindestens eine Klemmstück an einem Klemmstückträger (14) befestigt ist, der seinerseits über die vertikale Mittelachse des Schafthinterteiles verteilt angeordnete Mittel zur Einstellung der Höhenlage (17, 17') aufweist.

Formen wie *comportant, situé* + Präposition und *pourvu de* können noch von deutschen Präpositionen (hier: *mit*) "aufgefangen" werden. Die Komplexität der französischen

Partizipialkonstruktionen verhindert aber meist schon die pränominale Realisierung auch nur einer dieser Phrasen:

(34) ??...mit mindestens einem [sich beidseits der Zone der Achillessehne in die Einbuchtung der Knöchel oberhalb des Vorsprungs des Fersenbeines erstreckenden] Klemmstück...

Weitere Übergänge gibt es in beiden Übersetzungsrichtungen zwischen deutschem Finitum und französischem Infinitiv. Auch hier liegt in der Mehrzahl der Fälle keine grammatische Notwendigkeit für den Wechsel des Prädikattyps vor, da im Deutschen finite und infinite Nebensätze häufig freie Varianten sind, während im Französischen die Infinitivkonstruktion öfter obligatorisch ist (z.B. bei gleichem Subjekt in Haupt- und Nebensatz). Deutsche Infinitive wären in (35) zwar weniger üblich, aber ohne weiteres akzeptabel:

(35) en outre, la plupart des dispositifs de serrage décrits ont tendance à maintenir une pression sur le talon qui tend à repousser ce dernier en direction de l'avant de la chaussure, ce qui présente l'inconvénient de diminuer l'appui arrière du bas de jambe sur la partie postérieure de la tige. (P13/14)

Dabei hat die Mehrzahl der bekannten Spannvorrichtungen die Tendenz, einen Druck auf die Ferse auszuüben, der dahingehend wirkt, daß letztere in Richtung nach der Vorderseite des Schuhs gedrückt wird, was den Nachteil mit sich bringt, daß die hintere Abstützung des Unterbeines auf dem Schafthinterteil verringert wird.

Interessant sind dagegen die Fälle fachsprachlicher Valenzänderung, d.h. Fälle, in denen die Argumentstelle des Verbs durch einen anderen Komplementtyp besetzt wird als in der Gemeinsprache. Beispiele hierfür sind statische Prädikate wie *reste disposée* in (36) und *seront prévus* in (37), die normalerweise ein lokales Komplement, meist in Form einer Präpositionalphrase, fordern.[9] An die Stelle dieses Komplements tritt hier der finale Infinitivsatz:

9 Die Weglaßprobe ergibt zwar für *être disposé* und *être prévu* unterschiedliche Ergebnisse (das Komplement von *être prévu* ist unter Umständen weglaßbar, das von *être disposé* nicht), unter semantischem Gesichtspunkt besteht bei *être prévu* aber dieselbe Ergänzungsnotwendigkeit. Ohne Lokalbestimmung kommt *être prévu* im Korpus nicht vor.

(36)	Grâce au dispositif de guidage et de retenue (11) selon l'invention, l'extrémité de la boucle (8) [...] reste disposée pour faciliter une pronation aisée et directe par le skieur [...] (P15/30)	Dank der dargestellten erfindungsgemäßen Führungs- und Spanneinrichtung 11 bleibt das Ende der Schlaufe 8 [...] so angeordnet, daß eine geringfügige und direkte Einwärtsdrehung des Unterarms durch den Skifahrer [...] erleichtert wird [...]
(37)	De préférence, au moins deux logements 9 seront prévus pour se situer de part et d'autre du tendon d'Achille du porteur pour ne pas être susceptibles de nuire au confort de celui-ci. (P16/29)	Vorzugsweise sind mindestens zwei Kammern 9 vorgesehen, welche beiderseits der Achillessehne des Trägers angeordnet sind, um die Bequemlichkeit des Trägers nicht zu beeinträchtigen.

Die Übertragung dieser Konstruktion ins Deutsche bereitet semantische und syntaktische Schwierigkeiten. Semantisch gesehen ist in deutschen finalen Nebensätzen die mit *um* ausgedrückte Handlungsabsicht so stark, daß statische Prädikate im Nebensatz in vielen Kontexten nicht akzeptabel sind, wie in der Umformung von (37):

(38) *Es sind zwei Kammern vorgesehen, um sich beiderseits der Achillessehne zu befinden

Das syntaktische Problem ist, daß das Deutsche die Valenzänderung des französischen Verbs nicht nachvollziehen kann. Das Komplement von *angeordnet* in (36) muß syntaktisch realisiert sein (als Adverb oder PP). In der konsekutiven Variante mit *so...daß* sättigt *so* als Platzhalter die Komplementposition des Verbs. Anschlüsse, bei denen diese Position leer bleibt, sind ungrammatisch:

(39) Das Ende der Schleife bleibt angeordnet...
a. * ...um eine Einwärtsdrehung des Unterarms zu erleichtern
b. * ...so daß eine Einwärtsdrehung des Unterarms erleichtert wird

Daß diese Art der Valenzänderung des französischen Verbs in F→ häufiger vorkommt als in →F, kann als weiterer Hinweis auf das typisch Fachsprachliche dieser Konstruktion gedeutet werden, denn offensichtlich ist sie dem Redakteur (also dem Fachmann) geläufiger als dem technischen Übersetzer.

Als letztes sollen kurz die Veränderungen im Zusammenhang mit adjektivischen Prädikaten angesprochen werden. Der Wechsel des Prädikattyps erfolgt hier meist nicht aus syntaktischer, sondern aus lexikalischer Notwendigkeit. Ein häufiger Fall sind deverbale Adjektive mit den Suffixen dt. *-bar* und frz. *-able*, für die in der Zielsprache nicht immer ein Äquivalent zur Verfügung steht, wie für *anschließbar* im folgenden Satz (**branchable*, **raccordable*). Dann ist die Reverbalisierung (finit oder partizipial) unvermeidlich:

(40)	Der Hilfskolben 12 hat eine Ringnut 17, die stets mit dem Vorratsbehälter 14 verbunden ist und eine Ringnut 18, die stets mit einem an eine nicht dargestellte Druckmittelquelle anschliessbaren Anschluss 19 verbunden ist. (P03/42)	Le piston auxiliaire 12 possède une rainure circulaire 17, reliée en permanence avec le réservoir 14 et une rainure circulaire 18, reliée en permanence à un raccord 12 pouvant être branché à une source de fluide non représentée.

In F→D treten außerdem die bereits bei der Übersetzung französischer Partizipien in den Beispielen (33f) aufgezeigten stilistischen Probleme bei der pränominalen Realisierung komplexerer deutscher Attribute auf:

(41)	Cet évidement 65 possède une forme approximativement complémentaire de celle du porte-cales 67 (P13/81)	Diese Ausnehmung 65 weist eine Form auf, die etwa der Form des Klemmstücketrägers 67 entspricht

Für die Tatsache, daß Adjektive in F→D mehr als doppelt so oft in finite Verben umgeformt werden wie in D→F (55 *vs* 23 Fälle), sind die französischen "modalen Adjektive" verantwortlich, z.B. *apte, susceptible, propice* zum Ausdruck der Möglichkeit. Sie werden in F→D regelmäßig mit deutschen Modalverben übersetzt, während in D→F meist der verbale Ausdruck ins Französische übernommen wird:

(42)	[...] que l'enveloppe extérieure (1) du chausson est constituée d'un matériau relativement extensible apte à se conformer à son logement dans la coque (30) de la chaussure [...] (P23/122)	[...] daß der äußere Umschlag (1) des Innenschuhs aus einem relativ dehnbaren Material besteht, welches sich an seine Lagerung in der Schale des Schuhs anpassen kann [...]

5.2.2.4. Hinzufügung und Wegfall von Prädikaten

Die textbezogenen Auszählungen in 5.2.1 haben ergeben, daß die französischen Texte insgesamt mehr Prädikate enthalten als die deutschen. Die Werte in den mit "Ø" markierten Reihen und Spalten der Tabellen (16) und (17) "Veränderung des Prädikattyps" bestätigen dies: In D→F werden mehr Prädikate hinzugefügt als weggelassen (174 *vs* 45), in F→D verhält es sich umgekehrt (85 *vs* 155). Besonders ausgeprägt ist der französische Prädikatüberschuß bei Partizipien und finiten Verben. Die Mehrzahl hinzugefügter bzw. weggefallener Partizipien entsprechen deutschen Präpositionen, die nicht als Prädikate gewertet sind (z.B. frz. *prévu pour, destiné à* für dt. *für*, frz. *pourvu de* für dt. *mit*). Dies wurde bereits in (33) belegt. Der Überschuß an französischen finiten

Verben erklärt sich aus einer im Deutschen generell stärker ausgeprägten Tendenz zur Ellipse eines von zwei gleichen oder semantisch ähnlichen Verben:

(43) In den vorderen Bereich der Ventilbohrung 20 mündet eine mit der Ringnut 17 verbundene Öffnung und den hinteren Bereich eine mit der Ringnut 18 verbundene Öffnung. (P03/45)

Sur la partie avant de l'alésage de soupape 20 débouche une ouverture reliée à la rainure circulaire 17 et sur la partie arrière débouche une ouverture reliée à la rainure circulaire 18.

Ein weiterer Teil dieser Ellipsen ist einem textsortentypischen Merkmal zuzuordnen: Bei der Einleitung der Zeichnungsbeschreibung, die den Inhalt jeder Zeichnung in Stichpunkten aufführt, tritt im Deutschen generell die Ellipse auf, im Französischen wird das Verb jeweils wiederholt:

(44) Es zeigen in verkürzt dargestellten Abwicklungen
- Fig. 1 eine Grob-Stufenwicklung mit zwei elektrisch parallelen Leitern sowie vier Durchgängen und
- Fig. 2 eine Fein-Stufenwicklung mit ebenfalls zwei elektrisch parallelen Leitern und acht Feinstufen. (P01/19)

- La fig. 1 représente un enroulement faiblement fractionné comprenant deux conducteurs électriquement parallèles et quatre voies de passage.
- La fig. 2 représente un enroulement fortement fractionné comprenant également deux conducteurs électriquement parallèles mais huit étages.

Außerdem sind zwei für die Übersetzung F→D spezifische Veränderungen nennenswert vertreten, die sich entgegengesetzt zur höheren Prädikatzahl im Französischen verhalten: die Hinzufügung prädikativer Präpositionalphrasen (22 Fälle) und finiter Verben (30 Fälle) in der deutschen Übersetzung. Die Hinzufügung deutscher Präpositionalphrasen beruht offensichtlich auf der Überbewertung des semantischen Gehalts französischer präpositionaler Wendungen wie *par l'intermédiaire de* oder *au moyen de*, die in D→F meist nur einfachen Präpositionen entsprechen *(durch, mit)*, in F→D dagegen häufig mit deutschen Präpositionalphrasen übersetzt werden, was bisweilen schwerfällig wirkt und zudem eine unnötige semantische Spezifizierung darstellt:

(45) Dans ces différentes chaussures, seule la valeur du serrage (ou pincement) du talon est réglable au moyen d'une boucle, d'un tendeur ou d'une poche d'air pressurisée. (P13/9)

Bei diesen unterschiedlichen Schuhen ist allein die Stärke des Spannens (oder Klemmens) der Ferse durch Verwendung einer Schlaufe, eines Spanners oder einer unter Druck setzbaren Lufttasche einstellbar.

Das Hinzufügen deutscher finiter Verben geschieht entweder in (syntaktisch uninteressanten) parenthetischen Verweisen

(46)	ainsi, figures 8 et 9, les chaussons intérieurs sont [...] (P13/71)	So sind etwa, wie die Fig. 8 und 9 zeigen, die Innenschuhe [...]

oder sie beruht auf Hinzufügung von Stützverben zu modalen Nominalisierungen wie *possibilité* in (47), die im Deutschen als Prädikate offensichtlich weniger autonom sind als im Französischen:

(47)	Tous ces dispositifs ne présentent cependant qu'une faculté de calage et/ou de serrage du talon dans les chaussures sans réelle possibilité d'ajustement précis dans le plan vertical par rapport à la protubérance postérieure du calcanéum; (P13/13)	Alle genannten Spanneinrichtungen bieten aber nur die Möglichkeit eines Spannens und/oder Verklemmens der Ferse in den Schuhen, ohne daß eine echte Möglichkeit einer genauen Anpassung in der Vertikalebene relativ zum hinteren Vorsprung des Fersenbeines gegeben ist.

5.3. Nominale Prädikation und außersprachliche Relationen

Bei der Auszählung der Prädikate fiel auf, daß nominale Prädikate nicht regelmäßig verteilt sind, sondern in bestimmten Teilen der Patentschrift gehäuft auftreten. Diese Textteile sind zum einen der "Stand der Technik", zum anderen die Darstellung der Funktion einer Vorrichtung oder der Durchführung eines Verfahrens im Beschreibungsteil. Durch einen sehr geringen Anteil nominaler Prädikate zeichnet sich dagegen die Beschreibung des Aufbaus einer Vorrichtung aus. Dazu einige Zahlen: 61% der Sätze, die Funktionen beschreiben, und 67% der Sätze, die Verfahren beschreiben, enthalten nominale Prädikate. Bei den Sätzen, die der Beschreibung des Aufbaus einer Vorrichtung zuzuordnen sind, liegt dieser Anteil nur bei 26%. Aufgrund der in Kapitel 2 erläuterten Funktion der genannten Textteile können wir vermuten, daß zwei Faktoren für die Verwendung nominaler Prädikate von Bedeutung sind. Erstens die Informationsdichte: Bei der Darstellung des Stands der Technik geht es vor allem darum, in stark komprimierter Form bekannte Verfahren und Vorrichtungen zu nennen und die Nachteile aufzudecken, die die vorgeschlagene Erfindung zu lösen versucht. Zweitens der Ausdruck dynamischer Relationen: Sie treten sowohl im Textteil "Stand der Technik" als auch in der Beschreibung auf. Wenn die Nachteile bekannter Vorrichtungen oder Verfahren dargestellt werden, sind die typischen Relationen Finalität (Absicht: Vermeidung dieser Nachteile) und Kausalität (Begründung der Vorteile der Erfindung). Bei der Beschreibung von Vorrichtungen spielen dynamische Relationen eine Rolle, wenn es nicht um ihren Aufbau, sondern um ihre Funktion geht. Daß Nominalisierung ein Mittel zur Straffung von Aussagen ist und durch die Einbettung von Prädikaten für höhere Informationsdichte sorgt, ist bekannt.[10] Daher wenden wir uns in diesem Abschnitt zunächst allgemein dem Zusammenhang zwischen Statik, Dynamik und nominaler Prädikation zu (5.3.1) und diskutieren dann an ausgewählten Patentschriften die sprachliche Umsetzung dieser Kategorien (5.3.2).

5.3.1. Statik und Dynamik

HOFFMANN unterscheidet zwischen pragmatischer, semantischer und syntaktischer Kohärenz: Pragmatische Kohärenz ergibt sich "ziemlich direkt aus der Beschaffenheit der Objekte und dem Ablauf der Prozesse, die in ihnen dargestellt werden", semantische Kohärenz ist die geordnete Folge der "Benennungen von Objekten, Prozessen und ihren Merkmalen", und syntaktische Kohärenz schließlich ist thematische Progression nach DANEŠ 1974.[11] Wenden wir diese Kohärenztypen auf die Situation bei der Erstellung einer Patentbeschreibung an, also auf die Versprachlichung einer Zeichnung oder eines konkreten Objekts, so ist zunächst davon auszugehen, daß Aussagen über die Beschaffenheit und Funktion der in der Zeichnung enthaltenen Teile gemacht werden müssen.

- Die pragmatische Kohärenz betrifft die Auswahl und Anordnung dieser Aussagen im Beschreibungstext.
- Die semantische Kohärenz betrifft die Auswahl und Anordnung der Lexeme, mit denen Teile, Eigenschaften und Prozesse bezeichnet werden.
- Die syntaktische Kohärenz betrifft die Art der thematischen Progression.

Kennzeichnend für Fachsprachen im allgemeinen ist nach HOFFMANN eine starke Kohärenz auf pragmatischer und semantischer Ebene. Syntaktische Kohärenz unterscheidet dagegen Fachtextsorten aufgrund ihrer Vorliebe für bestimmte Typen thematischer Progression.[12] Inzwischen unterscheiden textlinguistische Arbeiten Kohärenz und Kohäsion: Im Unterschied zum Begriff der Kohärenz als Eigenschaft von Texten bezeichnet der Begriff der Kohäsion die grammatischen und lexikalischen sprachlichen Mittel, mit denen im Text die inhaltlichen Zusammenhänge ausgedrückt

10 Vgl. den Begriff der "Kondensation" seit BENEŠ (1973).

11 HOFFMANN (1987:101) und (1988:170ff) in Anlehnung an AGRICOLA (1979). Dieselben Kohärenztypen finden sich auch bei LUNDQUIST (1989), deren Definition der pragmatischen Kohärenz allerdings von der HOFFMANNS abweicht.

12 Für wissenschaftliche Aufsätze ist z.B. der Typ "lineare Thematisierung des Rhemas" typisch, für Enzyklopädieartikel der Typ "konstantes Thema".

werden.[13] Kohäsion ist in der Linguistik als die "Menge von Möglichkeiten, Textzusammenhänge herzustellen"[14] definiert. Auf einer abstrakteren Ebene können als Ursachen für Kohäsion statische und dynamische Relationen unterschieden werden.[15] Statische Relationen sind einerseits Äquivalenzrelationen (z.B. "X ist ein Y"), andererseits auf Kontiguität beruhende Relationen (z.B. "X hat ein Y"). Letztere sieht BLUMENTHAL als "die Voraussetzung jeder Beschreibung" an.[16] Die statischen Relationen sind zeitlich indefinit und unterscheiden sich insofern von den dynamischen Relationen, die auf zeitlicher Abfolge von Ereignissen beruhen, also zeitlich definit sind.

Auf sprachlicher Ebene interessiert uns nun, warum nominale Prädikate für den Ausdruck dynamischer Relationen und verbale Prädikate für den Ausdruck statischer Relationen bevorzugt werden.

(48) nennt einige Beispiele für die zahlreichen statischen[17] Prädikate, die nicht oder schwer nominalisierbar sind (48a), und für diejenigen, die bei Nominalisierung als Konkreta (48b, c) oder als dynamische Prädikate interpretiert werden (48c):

(48) a. haben, bestehen aus, enthalten, aufweisen
b. X ist gefedert → die Federung von X
c. X ist mit Y verbunden → die Verbindung von X mit Y

Zwar ist die suffixlose Konversion deutscher Infinitive zu Substantiven generell möglich, aber selbst wenn im System der Wortbildung keine generelle Beschränkung für die Nominalisierung statischer Prädikate besteht, sind Nominalisierungen statischer Prädikate wie *das Haben, das Vorhandensein, das Bestehen (aus)* nicht üblich. Auch die meisten französischen Formen kommen aus nicht oder weniger produktiven Ableitungsmustern (z.B. *présence, existence*).

Weitere Ursachen für die Affinität zwischen Dynamik und Nominalisierung bestehen auf der syntaktischen Ebene. Da eine Aussage zwar ohne nominales, aber nicht ohne verbales Prädikat möglich ist, kann ein nominales Prädikat nur in Verbindung mit einem verbalen Prädikat auftreten. Durch diese syntaktische Verbindung wird - entweder durch das regierende Verb (bei NOM) oder durch die regierende Präposition (bei PNOM) -

13 Z.B. bei HALLIDAY/HASAN (1976) und DE BEAUGRANDE/DRESSLER (1981). Für die Anwendung auf französische Fachsprachen vgl. auch KOCOUREK (1991²) (die Erstauflage von 1982 verwendet noch Kohärenz als Oberbegriff). HOFFMANNS Typen syntaktische und semantische Kohärenz sind also nach heutiger Forschungslage Typen von "Kohäsion".

14 LEWANDOWSKI (1990⁵:547f).

15 BLUMENTHAL (1990:27f) und (1991:7).

16 BLUMENTHAL (1990:28).

17 Zur Vermeidung von Mißverständnissen sei darauf hingewiesen, daß die Begriffe "statisch" und "dynamisch" einerseits Prädikate, andererseits Relationen charakterisieren. Da die Begriffe in beiden Bereichen geläufig sind, schien es nicht sinnvoll, neue Termini einzuführen.

auch eine semantische Relation zwischen den beiden Prädikaten hergestellt. Diese Relation ist nun in der Mehrzahl der Fälle eine dynamische. Eine Untersuchung der Nominalisierungen im Korpus ergab, daß bei PNOM alle regierenden Präpositionen und die Mehrzahl der Verben, die NOM regieren, temporale oder kausale Relationen bezeichnen. Da die durch statische Prädikate ausgedrückten Sachverhalte aber zeitlich indefinit sind, besteht keine Notwendigkeit, eine temporale Relation (oder eine kausale Relation als Spezialfall der temporalen) zwischen ihnen herzustellen. Tatsächlich führt häufig schon der Versuch, statische Prädikate kausal oder temporal zu verknüpfen, zu Sätzen von zweifelhafter Akzeptabilität:

(49) Aussage 1: In der Wand steckt ein Nagel.
Aussage 2: Das Bild hat einen Aufhänger.
a. ?Während in der Wand ein Nagel steckt, hat das Bild einen Aufhänger
b. ?Weil in der Wand ein Nagel steckt, hat das Bild einen Aufhänger
c. ??Weil in der Wand ein Nagel steckt, hat das Bild einen Rahmen

(49a) kann noch akzeptabel sein, wenn *während* nicht temporal, sondern adversativ interpretiert wird. Die kausale Verknüpfung der beiden statischen (Teil-Ganzes) Relationen durch *weil* in (49b) ist nur dann akzeptabel, wenn der Leser weiß, daß man ein Bild mit Nagel und Aufhänger an einer Wand befestigen kann. Wenn eine konzeptuelle Relation vorhanden ist, kann also die syntaktische Verbindung statischer Prädikate noch toleriert werden. Zumindest ist sie akzeptabler als in Sätzen, in denen auch das Weltwissen keine Relation herstellen kann, wie in (49c). Wesentlich akzeptabler werden die Sätze (49a, b), sobald anstelle des statischen ein dynamisches Prädikat eingesetzt wird, z.B.:

(50) Weil in der Wand ein Nagel steckt, bekommt das Bild einen Aufhänger

Der Kontrast zwischen (49) und (50) zeigt also, daß statische Prädikate den sprachlichen Ausdruck dynamischer Relationen stören, und zwar selbst dort, wo diese Relationen aufgrund des Weltwissens offensichtlich sind.

Betrachten wir nun weitere Relationen. Statische Prädikate können zwar additiv, konsekutiv und final miteinander verknüpft werden, widersetzen sich aber in diesen Zusammensetzungen häufig der Nominalisierung. Bei additiver Verknüpfung ist Nominalisierung ausgeschlossen, weil koordinierende Konjunktionen nur gleichartige Syntagmen verbinden können:

(51) a. In der Wand steckt ein Nagel, und das Bild hat einen Aufhänger
b. *In der Wand steckt ein Nagel und das Vorhandensein eines Aufhängers am Bild

Konsekutive Verknüpfung statischer verbaler Prädikate ist nicht häufig, aber prinzipiell möglich, wie das Beispiel aus dem Korpus zeigt:[18]

(52)	Die Enden gleich benannter Leiter 11 bis 18 sind durch Brücken 19 an ihrem Eingang und Brücken 20 an ihrem Ausgang miteinander verbunden, so dass gleich benannte Leiter elektrisch parallel geschaltet sind. (P01/33)	Les extrémités de conducteurs 11 à 18 désignées de la même façon sont reliées entre elles par des ponts 19 au niveau de leur entrée et par des ponts 20 au niveau de leur sortie de sorte que des conducteurs portant une même désignation sont montés électriquement en parallèle.

Bei Nominalisierung des die Folge ausdrückenden Prädikats wie in (53) ist die Relation aber nicht mehr eindeutig konsekutiv (Abfolge zweier Zustände), sondern es setzt sich eine finale (also potentiell kausale) Lesart durch. Ob die Parallelschaltung durch die Verbindung wie in (52) bereits erfolgt ist, geht aus dem umgeformten Satz mit Nominalisierung nicht mehr hervor:

(53)	Die Enden [...] sind für die elektrische Parallelschaltung gleich benannter Leiter miteinander verbunden	les extrémités [...] sont reliées entre elles pour le montage en parallèle des conducteurs

Die finale Verknüpfung zweier statischer Prädikate mit der Konjunktion *um* ist nur möglich, wenn die Konjunktion keine Absicht, sondern nur räumliche oder zeitliche Nähe bezeichnet:

(54)	Diese hat im Ventilsitz 4 eine Ausnehmung 9 kleineren Durchmessers, die sich in einem Kegelstück 10 fortsetzt, um dann in einen zylindrischen Teil 11 des Pumpenzylinders 3 überzugehen. (P02/22)	Cette réduction est formée d'un orifice 9 de diamètre relativement petit, d'une portion conique 10 se raccordant à cet orifice et d'une portion cylindrique qui se raccorde à son tour à une portion cylindrique 11 de plus grand diamètre du cylindre 3.

Nominalisierung ist allerdings auch in diesem Fall ausgeschlossen. Echte finale Verknüpfungen sind typisch für Sätze, in denen statische mit dynamischen Prädikaten verknüpft werden, und dann ist auch Nominalisierung möglich (siehe (53)): Der Großteil

18 Eine dynamische Interpretation von *sont montés* als "montiert werden" statt "geschaltet sein" ist in diesem Kontext nicht möglich: Es geht um die fertige Wicklung.

der nominalen Prädikate in den ansonsten statischen Aufbau-Beschreibungen stammt aus Sätzen, in denen mit der Anordnung auch die Funktion eines Teils erwähnt wird.

Wir haben gezeigt, daß (1.) dynamische Relationen (z.B. kausale) fast nur zwischen dynamischen Prädikaten hergestellt werden können und daß (2.) dynamische Prädikate leichter nominalisierbar sind als statische. Die Kombination beider Faktoren ist für das gehäufte Auftreten nominaler Prädikate im Text verantwortlich: Kondensation durch Nominalisierung tritt regelmäßig bei der Versprachlichung dynamischer Relationen auf. Dies wird im folgenden Abschnitt an ausgewählten Texten dargestellt.

5.3.2. Diskussion ausgewählter Patentschriften

In jedem Satz wurde die Anzahl der nominalen und die Anzahl der nichtnominalen Prädikate durch die Anzahl der Wörter dividiert. Über diese beiden Quotienten ist ein Vergleich der Frequenz nominaler und nichtnominaler Prädikate unabhängig von der Satzlänge möglich. Angesichts der großen Zahl von Werten (vier pro Satz) stellen wir die Ergebnisse dieser Berechnungen nicht tabellarisch, sondern grafisch dar. Eine Grafik bezieht sich immer auf eine einzelne Patentschrift. Die horizontale Achse zeigt die Sätze der Patentschrift. Auf der vertikalen Achse ist für jeden Satz der Quotient (Prädikatzahl : Wortzahl) angetragen. Für den französischen Text wurden die Quotienten jeweils negativ gesetzt, so daß über der Nullachse immer der deutsche Text und unter der Nullachse immer der französische Text abgebildet ist. Die Werte für nichtnominale Prädikate sind als Linie dargestellt, die Werte für nominale Prädikate als Fläche (hell für die deutsche Seite, dunkel für die französische). Da jeder Satz mindestens ein verbales Prädikat hat, dürfte der Quotient für nichtnominale Prädikate eigentlich nie gleich Null sein. Wir haben aber diejenigen Sätze und Satzteile vom Vergleich ausgeschlossen, die aus außersprachlichen Gründen kein Übersetzungsäquivalent haben, sowie Hinzufügungen und Weglassungen. Dort sind keine Prädikate gezählt, und daher kann auch der Quotient für nichtnominale Prädikate gleich Null sein.

Die Mittelwerte der Quotienten für nominale Prädikate aus allen Texten einer Sprache und Übersetzungsrichtung liegen zwischen 0,015 (F→) und 0,031 (D→). Bei extremer Kondensation werden aber in der satzbezogenen Auswertung Maxima um 0,2 erreicht, d.h. es gibt Sätze, in denen jedes 5. Wort ein nominales Prädikat ist.

5.3.2.1. Trennung von Aufbau und Funktion (1): Patent Nr. 5

Gegenstand der Patentschrift Nr. 5 (D→F) ist eine Bremskraftunterstützung für Kraftfahrzeuge. Die Grafik zeigt drei Abschnitte, in denen nahezu durchgehend nominale Prädikate auftreten, unterbrochen durch Abschnitte mit ausschließlich verbaler Prädikation. In den Sätzen 1-6 werden knapp das Thema, der Stand der Technik mit

Abb. 2: Patentschrift Nr. 5

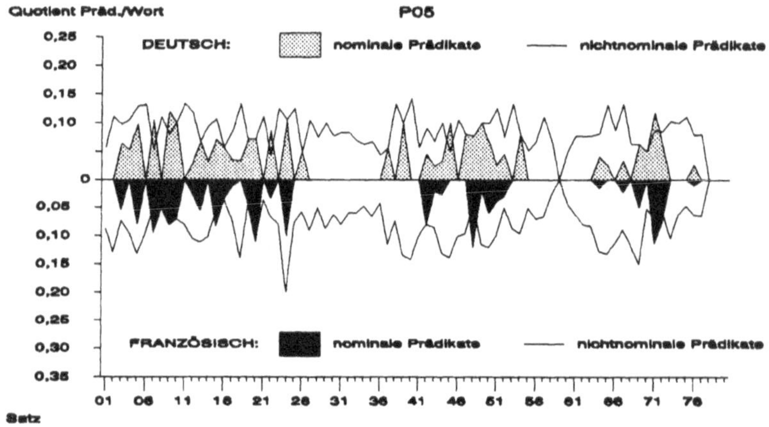

seinen Nachteilen und die Problemlösung genannt. Anschließend sind die Vorteile der Erfindung aufgezählt (Sätze 7-24), indem ihre wichtigsten Merkmale zusammengefaßt werden. Das folgende Zitat stammt aus diesem Teil:

(55) Durch die Verwendung einer Hydraulikpumpe ist eine große Freizügigkeit gegeben in der Wahl des Druckes im Verstärkerkreis. Mit Hilfe eines hohen Druckes im Verstärkerkreis ist es möglich, die gesamte Anlage sehr platzsparend zu gestalten. Durch die Mitverwendung des Schmieröles der Brennkraftmaschine für den Verstärkerkreis beschränkt sich die Wartung dieses Verstärkerkreises lediglich auf die sowieso nötige Ölkontrolle der Brennkraftmaschine. Die Kontrolle eines zusätzlichen Behälters ist somit nicht nötig. (P05/7-10)

L'utilisation d'une pompe hydraulique donne une grande liberté dans le choix de la pression du circuit du servo-frein. Une pression élevée dans ce circuit permet à son tour une forte réduction de l'encombrement de l'installation. L'utilisation pour le circuit du servo-frein de l'huile de graissage du moteur à combustion interne limite l'entretien du dit circuit à la surveillance de toute façon nécessaire du niveau d'huile du moteur. Le contrôle du niveau d'un réservoir supplémentaire n'est donc pas nécessaire.

Während verbale Prädikate oder verbonominale Verbindungen die Vorteilhaftigkeit bezeichnen *(Freizügigkeit ist gegeben in, beschränkt sich auf, ist nicht nötig; donne une liberté, permet, limite, n'est pas nécessaire)*, werden die Merkmale der Erfindung und ihre Auswirkungen als nominale Prädikate in die Leerstellen eingesetzt (*Verwendung, Wahl; utilisation, choix* usw.). Die dabei erfolgte Verdichtung der Aussagen wird ersichtlich, wenn der erste Satz aufgelöst wird:

(56) Wenn die Hydraulikpumpe verwendet wird, ist der Druck im Verstärkerkreis frei wählbar.

Si on utilise une pompe hydraulique, on est libre de choisir la pression du circuit du servo-frein.

In diesem ersten Teil der Patentschrift beruht der hohe Anteil nominaler Prädikate also auf der komprimierten Darstellung komplexer Sachverhalte (Kondensation). Es folgt ab Satz 26 die Beschreibung der Zeichnungen. In den Sätzen 27-38 ist der Aufbau des Bremssystems nach Zeichnung 1 beschrieben. Abb. 2 zeigt, daß in diesem Abschnitt kaum nominale Prädikate vorkommen. Wenn überhaupt Aussagen verknüpft werden, so geschieht dies durch Relativsätze oder durch Koordinierung. Textbeispiel (57) zeigt, daß hier die Nominalisierung von Prädikaten praktisch unmöglich ist:

(57) Der Bremskreis besteht aus einem Hauptbremszylinder 1 mit Vorratsbehälter 3 sowie beispielsweise zwei Bremsdruckleitungen 4 und 5, welche auf die Vorder- bzw. Hinterachse des entsprechenden Fahrzeugs einwirken. Mit dem Hauptbremszylinder 1 ist der Verstärker 2 verbunden, wobei beide durch das Bremspedal 6 gleichzeitig bedient werden können. Der Verstärker 2 weist eine Druckleitung 7 und eine Rücklaufleitung 8 auf. Die Rücklaufleitung 8 mündet direkt im Ölsumpf 18 der Brennkraftmaschine 16. (P05/28-31)

Le circuit de freinage proprement dit comporte un maître cylindre 1, avec le réservoir associé 3 et, par exemple, deux conduites 4 et 5, qui desservent respectivement les cylindres des roues avant et ceux des roues arrière du véhicule. Un servo-frein 2 est accolé au maître cylindre 1 et ces deux organes sont actionnables simultanément par la pédale de frein 6. Le servo-frein 2 comporte une conduite d'arrivée 7 et une conduite de retour 8. La conduite de retour 8 aboutit directement dans le bac à huile 18 constitué par le carter inférieur du moteur à combustion interne 16.

Lediglich dort, wo bereits bei der Beschreibung des Aufbaus auf die Funktion bestimmter Teile vorgegriffen wird, kommen final angeschlossene nominale Prädikate zum Einsatz, wie im deutschen Text von (58):

(58) An der Brennkraftmaschine 16 ist eine Zulaufleitung 11 sowie ein Einfülltrichter 12 zum Einfüllen des Schmieröles vorgesehen. (P05/37)

Le moteur 16 est muni d'une conduite d'amenée 11 qui aboutit à un entonnoir de remplissage 12 pour renouveler l'huile de graissage.

Der in der Grafik deutlich sichtbare Übergang von statischer zu dynamischer Beschreibung mit entsprechendem Anstieg der Häufigkeit nominaler Prädikate erfolgt bei Satz 39, der als Gliederungssignal zur Einleitung der Funktionsbeschreibung zu Zeichnung 1 dient ("Die Funktion des Bremssystems gem. Fig. 1 ist folgende:"). Typisch für die Funktionsbeschreibung ist die Häufung adverbialer Relationen, die - wie bereits gezeigt - Nominalisierung begünstigen, z.B. die im Beispiel hervorgehobenen temporalen, kausalen und instrumentalen Relationen. Im deutschen Text ist die Anzahl nominaler Prädikate höher, weil besonders im instrumentalen Bereich im Französischen anstelle der *par*-PP häufig die Gerundkonstruktion gewählt wird:

(59) Nach Beendigung jeden Bremsvorganges wird die vom Verstärker 2 aufgenommene Hydraulikmenge durch die Rücklaufleitung 8 wieder in den Ölsumpf 18 der Brennkraftmaschine 16 zurückgeführt. Durch die Verwendung des Schmieröles der Brennkraftmaschine 16 für den Verstärkerkreis ist es möglich, ohne zusätzliche Wartung das Fahrzeug in der herkömmlichen Weise zu warten. Der mit dem Hauptbremszylinder 1 verbundene Bremskreis wird in üblicher Weise durch Kontrolle des Vorratsbehälters 3 auf Dichtigkeit bzw. auf ausreichende Bremsflüssigkeit überprüft, während die Überprüfung des Verstärkerkreises automatisch bei der Kontrolle des Ölstandes für die Brennkraftmaschine 16 erfolgt. (P05/47-49)

Une fois l'opération de freinage terminée, la quantité d'huile qui est entrée dans le servo-frein retourne au bac à huile 18 du moteur 16 par la conduite 8. L'utilisation de l'huile de graissage du moteur 16 pour le circuit du servo-frein élimine la nécessité de toute opération d'entretien supplémentaire. Le circuit de freinage proprement dit relié au maître cylindre 1 est contrôlé en vérifiant le niveau du liquide de freinage dans le réservoir 3 comme cela se fait habituellement, tandis que le contrôle du circuit du servo-frein s'effectue automatiquement en vérifiant le niveau de l'huile du moteur 16.

Hinzu kommen weitere nominale Prädikate wie *Dichtigkeit* (im französischen Text nicht übersetzt), das auf einen Nebensatz mit *ob* zurückführbar ist:

(60) Der [...] Bremskreis wird [...] überprüft, indem man kontrolliert, ob der Vorratsbehälter dicht ist und die Bremsflüssigkeit ausreicht

Der erste der beiden koordinierten Nebensätze wird also durch Nominalisierung zum Komplement von *Kontrolle*, der zweite durch Adjektivierung *(ausreicht > ausreichend).*

Die Beschreibung der Anordnung von Zeichnung 2 beginnt bei Satz 52. Nur zu Beginn (in Satz 52 und im deutschen Satz 54) treten nominale Prädikate auf, da kurz die Funktionsunterschiede zur ersten Anordnung erläutert werden. In der Beschreibung von Zeichnung 3 (ab Satz 64) ist der Anteil nominaler Prädikate durch die Nennung einzelner Funktionsmerkmale etwas höher. Er übersteigt schließlich sogar den Anteil verbaler Prädikate, wenn in Satz 71 und 72 die wesentlichen Vorteile hinsichtlich der Funktion noch einmal zusammengefaßt werden. Hier liegt also eine Kombination der beiden Nominalisierung begünstigenden Faktoren "Zusammenfassung" und "Dynamik" vor:

(61) Der Verstärkerkreis muß nicht zusätzlich gewartet werden, da seine Wartung automatisch durch Kontrolle des Schmierölstandes in der Brennkraftmaschine 16 erfolgt und für eine regelmäßige Erneuerung durch den Ölwechsel für die Brennkraftmaschine gesorgt ist. Weiterhin bietet dic Integration der Hydraulikpumpe 15 in die Brennkraftmaschine 16 den Vorteil, daß fast unabhängig von der Außentemperatur durch das Kühlsystem der Brennkraftmaschine 16 für eine schnelle Erwärmung des Schmieröles und für eine in relativ engen Grenzen gleichmäßige Temperatur während des Betriebs Sorge getragen ist. (P05/71f)

Le circuit du servo-frein ne nécessite pas un entretien à part, son contrôle étant automatiquement assuré par celui du niveau de l'huile de graissage du moteur 16 et le renouvellement de l'huile du moteur entraînant celui du liquide hydraulique du circuit. Par ailleurs, l'incorporation de la pompe hydraulique 15 au moteur 16 présente l'avantage d'assurer, presque indépendamment de la température extérieure, par le système de refroidissement du moteur, un réchauffement rapide de l'huile de graissage et son maintien à une température régulière, entre d'étroites limites, pendant le fonctionnement.

Es folgen ab Satz 73 die Patentansprüche. Dort hängt die prädikative Struktur vom Schutzumfang der Patentschrift ab. Im Fall des Bremssystems geht es um den Schutz der Anordnung. Im Gegensatz zum beschreibenden Teil ist es im Patentanspruch nicht mehr nötig, die zu schützende Anordnung durch ihre Funktion zu motivieren. Es dominieren daher statische Relationen, und nominale Prädikate sind entsprechend selten.

5.3.2.2. Trennung von Aufbau und Funktion (2): Patent Nr. 22

Gegenstand der Patentschrift Nr. 22 (F→D) ist ein Skischuh mit einem verschwenkbaren Schaft und Einstieg von hinten. Auch hier zeigt die Grafik deutlich ausgeprägte Konzentrationen nominaler Prädikate, und zwar beim Stand der Technik und bei der Problemlösung (Sätze 5-16) sowie in der Beschreibung (31, 43-49, 65-66). Im Gegensatz zu Patentschrift Nr. 5 sind in der Beschreibung jedoch keine einleitenden Sätze vorhanden, die ausdrücklich auf den Beginn der Funktionserläuterung hinweisen. Als Erkennungsmerkmale können aber - abgesehen von der Häufung der nominalen

Abb. 3: Patent Nr. 22

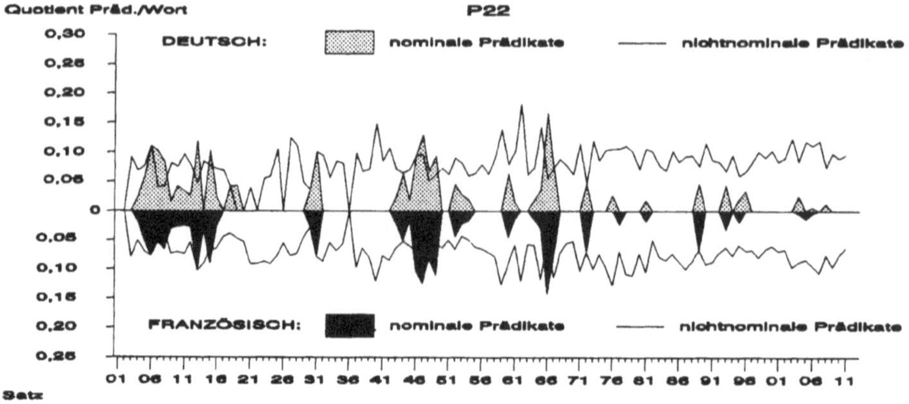

Prädikate - die zahlreichen temporalen und kausalen Konnektoren dienen, die systematisch diejenigen Sätze einleiten, die sich auf die Funktion oder die Betätigung einzelner Bauteile beziehen. Zur Verdeutlichung sind in (62) die Satzanfänge des durch hohen nominalen Anteil ausgezeichneten ersten Funktionsblocks wiedergegeben. Neben temporalen und kausalen Konjunktionen tritt einmal ein kausales Verb *(provoque; bewirkt)* und einmal deutsche Inversion auf:

(62)	Lorsque la tige 2 est en position initiale ou de repos,...	Wenn sich der Schaft 2 in seiner Ausgangs- bzw. Ruhelage befindet,...
	Lorsque la tige 2 pivote autour de l'axe 4...	Wenn der Schaft 2 [...] um die Achse 4 schwenkt,...
	Par conséquent, aussitôt que la tige 2 commence à fléchir vers l'avant,...	Sobald dabei der Schaft 2 sich nach vorne abzubiegen beginnt,...
	Cette traction provoque un rapprochement des extrémités inférieures...	Dieser Zug bewirkt eine Annäherung der unteren Enden...
	Lorsque le skieur veut enlever sa chaussure,...	Will der Skifahrer seinen Schuh ausziehen,...
	En effet, lors d'un pivotement vers l'arrière du capot postérieur 5...	Denn während eines Verschwenkens der hinteren Kappe 5 [...] nach hinten...
	Si ces liens souples sont soumis à une légère précontrainte... (P22/43-49)	Wenn die biegsamen Teile einer geringen Zug-Vorspannung ausgesetzt sind,...

Dreizehn Patentschriften weisen diese an P05 und P22 für beide Übersetzungsrichtungen dargestellte Trennung von statischer Aufbau- und dynamischer Funktionsbeschreibung und die damit verbundene lokale Konzentration nominaler Prädikate auf. Als weiteres

Beispiel (ohne grafische Darstellung) sei auf die in Abschnitt 2.3 zitierte Patentschrift Nr. 2 verwiesen. (Die Funktionsbeschreibung geht dort von Satz 37 bis Satz 60.)

5.3.2.3. Verfahren: Patent Nr. 6

Gegenstand der Patentschrift Nr. 6 (D→F) ist ein Verfahren und eine Vorrichtung zur Beschleunigungsanreicherung für Benzineinspritzanlagen in Kfz-Motoren. Im Gegensatz zu den bisher besprochenen Texten geht es hier nicht nur um den Schutz einer Vorrichtung oder einer Anordnung, sondern die Wirkungsweise der Vorrichtung (das "Verfahren") gehört ebenfalls zum Schutzumfang.

Abb. 4 zeigt, daß bereits im ersten Satz zum Stand der Technik (Satz 5, in (63) zitiert) durch die stark geraffte Darstellung des bereits bekannten Verfahrens ein lokales Maximum für den Anteil nominaler Prädikate erreicht wird. Das einzige statische Prädikat betrifft die Position der Stauklappe und ist verbal realisiert *(angeordnet; prévue)*:

(63) Bei einer bekannten Vorrichtung zur Beschleunigungsanreicherung wird das mechanische Überschwingen der Stauklappe eines im Ansaugrohr angeordneten Luftmengenmessers dadurch zur Gemischanreicherung ausgenutzt, daß sich der durch dieses Überschwingen ergebende Anreicherungswert während des nachfolgenden Unterschwingens des Luftmengenmessers zur Erzielung einer asymmetrischen Auswertung seines Ausgangssignal elektrisch festgehalten wird. (P06/5)

Dans un dispositif connu pour l'enrichissement d'accélération la suroscillation mécanique du clapet de retenue d'un dispositif de mesure de la quantité d'air prévue dans la tubulure d'aspiration, est utilisée pour l'enrichissement du mélange du fait que la valeur d'enrichissement résultant de cette suroscillation est maintenue électriquement pendant la sousoscillation suivante du dispositif de mesure de la quantité d'air, pour obtenir une exploitation asymétrique de son signal de sortie.

Ebenso dominiert in der Beschreibung die Darstellung des Verfahrens: Die ersten drei erläuterten Zeichnungen (Satz 26ff, 34ff und 39ff) sind Kurvenverläufe, in denen die Zusammenhänge zwischen den wesentlichen Faktoren der Gemischanreicherung, nämlich Luftmenge, Drosselklappenstellung, Drehzahl und Temperatur dargestellt sind. Die Interpretation dieser Kurven ist nur möglich, wenn auf den Betrieb der Vorrichtung Bezug genommen wird. Wir haben es daher durchgehend mit dem Ausdruck dynamischer Relationen zu tun. Entsprechend verlaufen die "nominalen Flächen" in Abb. 4: Sie erreichen zwar nicht so hohe Maxima wie bei Patent Nr. 5, verteilen sich aber verhältnismäßig gleichmäßig über den gesamten Beschreibungsteil. Erst in der Zeichnung 4 (Sätze 49-54) wird kurz der Aufbau der Schaltung besprochen, und es treten etwas weniger nominale Prädikate auf. Ihr Anteil steigt erst bei der Erklärung der

Abb. 4: Patent Nr. 6

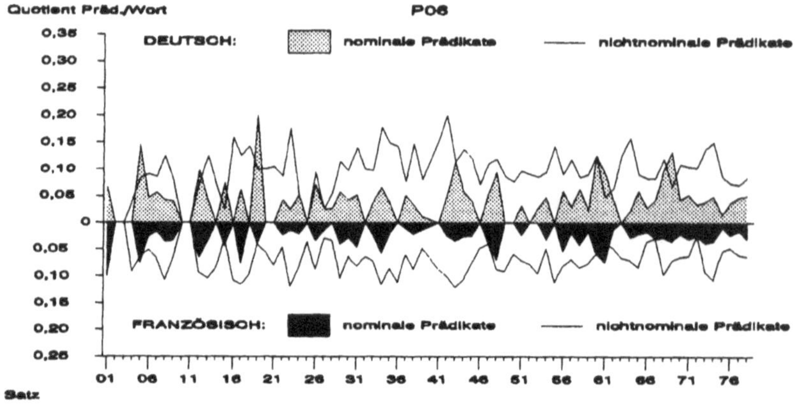

Wirkungsweise (Sätze 55-67) wieder an. Die den Schutzumfang definierenden Patentansprüche (ab Satz 68) zeigen im Vergleich zu den bisher besprochenen Texten ebenfalls einen höheren nominalen Anteil.

Die Patentschriften Nr. 12 und Nr. 23, in denen ebenfalls Verfahren geschützt werden, sind hier nicht dargestellt. Die grafische Darstellung der Verteilung verbaler und nominaler Prädikate ergibt aber ein ähnliches Bild wie bei Patent Nr. 6.

5.3.2.4. Kombination von Aufbau und Funktion: Patent Nr. 13

Abb. 5: Patent Nr. 13

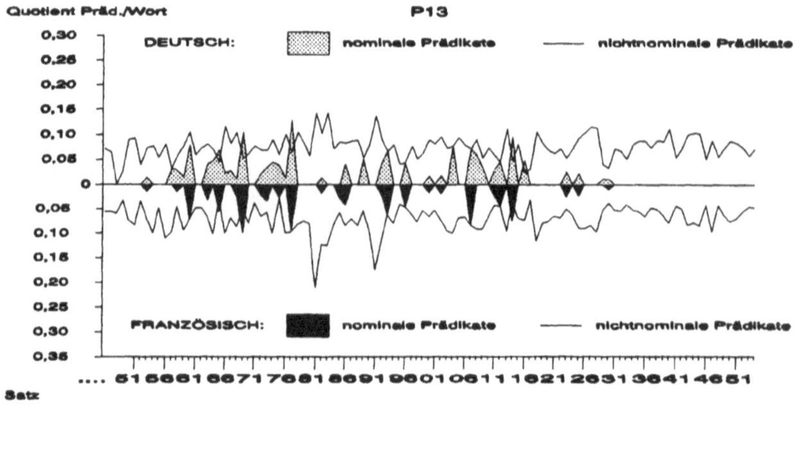

Gegenstand der Patentschrift Nr. 13 (F→D) ist ein Polsterelement in einem Skischuh, das individuelle Einstellungen für die Bereiche zwischen Achillessehne und Knöchel ermöglicht. Der Schutzumfang umfaßt hier die Vorrichtung, die Darstellung der Funktion dient nur zur Verdeutlichung des Aufbaus. Im Gegensatz zu den Patentschriften P05 und P22 ist die Funktion einzelner Teile jedoch nicht in einem eigenen Textteil genannt, sondern fließt in die Beschreibung des Aufbaus mit ein. Da statische und dynamische Relationen im Text nicht voneinander getrennt ausgedrückt werden, treten nominale Prädikate in der gesamten Beschreibung auf, und es zeichnen sich keine ausgeprägten Häufungen ab: Nominale und nichtnominale Passagen wechseln in unmittelbarer Folge. In Abb. 5 sind wegen der Länge der Patentschrift (über 150 Sätze mit mehr als 20 Zeichnungen) nur die Beschreibung (ab Satz 50) und die Patentansprüche (ab Satz 129) grafisch wiedergegeben. Bei den nominalen Prädikaten liegen nur zwei Maxima über 0,10. Sie lassen sich eindeutig den Textstellen zuordnen, in denen es nicht um den Aufbau der Vorrichtung geht, sondern entweder um ihre Montage oder um ihre Bedienung durch den Skifahrer:

(64)	Le réglage du calage s'effectue, dans cet exemple, en tournant la vis 61, ce qui provoque la montée ou la descente du porte-cales 60 et des cales 63, 63'. (P13/77)	Die Einstellung der Klemmwirkung erfolgt bei diesem Beispiel durch Drehen der Schraube 61, was ein Anheben oder ein Absenken des Klemmstücketrägers 60 und seiner Klemm- bzw. Spannstücke 63, 63' bewirkt.

Die Patentansprüche enthalten wie bei den bereits besprochenen Vorrichtungen aus P05 und P22 kaum nominale Prädikate.

5.3.2.5. Reine Aufbaubeschreibung: Patent Nr. 1

Gegenstand der Patentschrift Nr. 1 (D→F) ist eine Stufenwicklung für Transformatoren und Drosseln.[19] Der Vorteil der vorgeschlagenen Wicklung beruht nicht, wie bei den bisher besprochenen Beispielen, auf einer komplexen mechanischen Funktion, sondern lediglich auf der Erhöhung der Kapazität und der Verringerung der nötigen Isolierung. Erreicht wird dieser Vorteil durch die Anordnung der Leiter innerhalb der Wicklung, wobei *Anordnung* statisch (resultativ) zu interpretieren ist. Unter diesem Aspekt ist ein durchgehend geringer Anteil nominaler Prädikate zu erwarten. Die grafische Darstellung in Abb. 6 zeigt zwar, daß durchaus Häufungen nominaler Prädikate vorkommen, an der

---

19 Erklärung: Den Kern eines Transformators bilden aufgewickelte Leiter. Die Zahl der Wicklungen bestimmt die Höhe der Spannung. In Stufenwicklungen kann an bestimmten Stellen (Stufen) die Spannung zugeführt bzw. abgenommen werden. Die Spannungsveränderung ist so regelbar.

Abb. 6: Patent Nr. 1 (y-Achse überhöht)

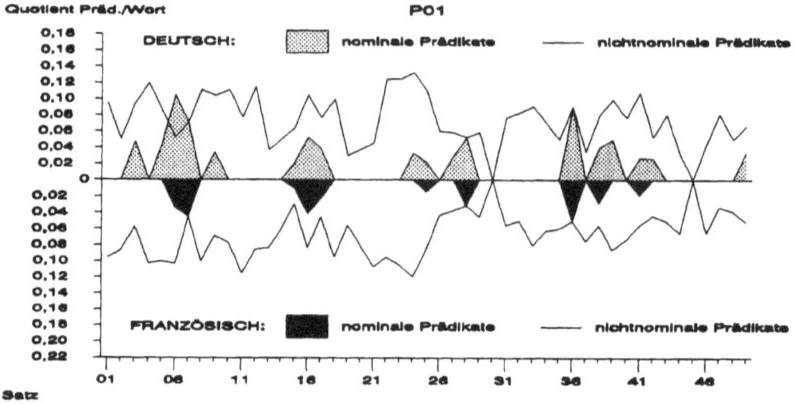

Skala der hier im Vergleich zu den bisherigen Beispielen überhöhten *y*-Achse wird aber deutlich, daß die nominalen Anteile mit Maxima um 0,05 und nur einem Maximum bei 0,11 im deutschen Text wesentlich niedriger liegen als bei den bisher vorgestellten Patentschriften. Auch die absoluten Zahlen weisen P01 als den Text mit den wenigsten Nominalisierungen aus (nur 19 deutsche und 10 französische). Das Maximum liegt in der Zusammenfassung des Stands der Technik, die in (65) zitiert ist, und beruht im deutschen Text auf nur zwei Nominalisierungen in einem relativ kurzen Satz. Es zeigt aber, daß auch in Texten, in denen größtenteils statische Zusammenhänge dargestellt werden, eine spontane Tendenz zur Nominalisierung besteht, sobald der Ausdruck einer dynamischen Relation zwischen Sachverhalten nötig wird. In diesem Fall handelt es sich um eine kausale Relation: Das günstige Verhalten der Wicklung ist die Folge aus dem vorhergehenden Satz, die gleichzeitig an eine Bedingung geknüpft wird (*bei Auftreten von...*). In der französischen Übersetzung ist allein die Folge nominalisiert:

(65) Bei zweilagig ausgeführten Grob-Stufenwicklungen hat sich eine <u>Ineinanderwicklung</u> bewährt, bei der jede Lage vom Laststrom in zwei elektrisch aufeinanderfolgenden Durchgängen durchlaufen wird. Dadurch ergibt sich ein kapazitiv sehr günstiges <u>Verhalten</u> der Wicklung bei <u>Auftreten</u> von hochfrequenten Spannungen auf die Wicklung. (P01/5-6)

Dans le cas d'un enroulement faiblement fractionné réalisé en deux couches, il s'est avéré satisfaisant d'enrouler les couches l'une dans l'autre de telle façon que chaque couche soit parcourue par le courant de charge dans deux voies de passage qui se font suite électriquement. Cela permet de conférer à l'enroulement un <u>comportement</u> très favorable du point de vue capacitif pour le cas où des tensions de haute fréquence atteignent l'enroulement.

In allen übrigen Sätzen treten jeweils nur einzelne Nominalisierungen auf, mit denen Vorgänge bei der Herstellung der Wicklung bezeichnet werden. Diese Vorgänge sind der beschriebenen Anordnung der Leiter zeitlich zugeordnet und sind somit Argumente temporaler Relationen:

(66)	[...] beim <u>Wickeln</u> des Leiterbündels kommen jeweils die am Rand angeordneten Leiter 1 nebeneinander zu liegen, zwischen denen lediglich die praktisch vernachlässigbar niedrige Windungsspannung herrscht. (P01/25)	[...] lors de l'<u>enroulement</u> du faisceau de conducteurs, les conducteurs 1 placés en bordure se trouvent chaque fois placés côte à côte et il ne s'établit entre eux que la faible tension de spire qui est pratiquement négligeable.

5.4. Zusammenfassung

Die auf Satz- und Textebene untersuchte Verteilung und Verwendung bestimmter Prädikattypen hängt von verschiedenen Faktoren ab, von denen einige einzelsprachlich, andere übereinzelsprachlich sind.

Die einzelsprachlichen Faktoren führen dazu, daß bei der Übersetzung ein Wechsel des Prädikattyps stattfindet, wenn System oder Norm der Zielsprache sich von der Quellsprache unterscheidet. Diese Wechsel entsprechen im Korpus größtenteils den in den vergleichenden Stilistiken zu beiden Sprachen hervorgebrachten Thesen; nur wenige Fälle deuten auf typisch fachsprachliche Kontraste hin (Abschnitt 5.2).

Auf der anderen Seite gibt es im Referenzbereich liegende und somit übereinzelsprachliche Faktoren, die in beiden Sprachen die Wahl desselben Prädikattyps favorisieren und so die kontrastiven Merkmale kompensieren oder nuancieren können. Dazu gehören die zwischen Sachverhalten bestehenden Relationen (Abschnitt 5.3). Die in der Mehrzahl der Patentschriften konsequent durchgeführte Trennung statischer und dynamischer Relationen führt in beiden Sprachen zu lokaler Bevorzugung verbaler bzw. nominaler Prädikattypen. Daß Nominalisierungen wegen der Einbettung von Prädikaten zu "flacheren" Satzstrukturen und somit einer geringeren Anzahl höhergradig determinierender Elemente führen, stellt die Verbindung zu Untersuchungen her, die mit der Opposition determinativ *vs* prädikativ arbeiten[20] und für fachabhängige Unterschiede plädieren.

Die Untersuchung der Textsorte "technische Beschreibung" hat gezeigt, daß verallgemeinernde Aussagen über Textsorten oder auch nur über einzelne ganze Texte nur sinnvoll sind, wenn diese bezüglich der ausgedrückten Relationen und insbesondere

---

20 VIGNER/MARTIN (1976), BLUMENTHAL (1983).

der Opposition statisch *vs* dynamisch weitestgehend homogen sind. Das in dieser Hinsicht nicht homogene Korpus deutet darauf hin, daß die verbreitete Klassifizierung von Fächern und Textsorten nur in sehr begrenztem Maße Schlußfolgerungen auf "fachtypische" oder "textsortentypische" sprachliche Mittel zuläßt und daher kein *a priori* in der Fachsprachenforschung sein darf.

6. Ausblick

Unter der Bedingung, daß Textpaare beider Übersetzungsrichtungen untersucht werden, halten wir Patentschriften in vielerlei Hinsicht für ein ideales Untersuchungsobjekt in der Fachsprachenforschung. Ideal deshalb, weil zahlreiche Variablen, die Textvergleiche ansonsten negativ beeinflussen, aufgrund der in Kap. 2 ausgeführten Besonderheiten des Patentwesens Konstanten sind. Die meisten anderen Fachtexte sind verhältnismäßig begrenzten Normen unterworfen, z.B. firmenspezifischen Vorgaben für die Erstellung von Anleitungen oder Produktinformationen, verlags- oder zeitungsspezifischen Richtlinien für die Erstellung von Beiträgen in den öffentlichen Medien. Die immer vernehmlichere Forderung nach größerer Verständlichkeit der Fachliteratur führt dazu, daß zunehmend Strategien Anwendung finden, die über den rein sprachlichen Bereich der Textproduktion hinausgehen.[1] Eine auf Übersichtlichkeit und schnelle Erfaßbarkeit abzielende, gegliederte Anordnung von Textelementen kann beispielsweise massive Auswirkungen auf Syntax und Wortwahl haben, die einerseits zu einer weiteren Individualisierung der Texte führen (z.B. durch typische "Firmenlayouts") und andererseits von Sprache zu Sprache unterschiedlich ausfallen und daher sprachinterne und sprachvergleichende Untersuchungen erschweren. Dagegen machen Gesetze und Verordnungen im rechtlichen Bereich sowie Traditionen im Bereich des Patentanwaltswesens Patentschriften zu einer überregional homogenen Textsorte, die innovativen Tendenzen gegenüber relativ immun ist. Abgesehen von den Patentschriften selbst könnte die Fachsprachenforschung von einem weiteren Produkt des Patentwesens profitieren: Die IPC (die internationale Patentklassifikation) hat seit langem geleistet, was in beinahe jeder umfangreicheren Arbeit über Fachsprachen erneut vorgenommen wird: die horizontale Gliederung der Fachgebiete. Hier könnte die Fachsprachenforschung mit Gewinn eines der Prinzipien der wissenschaftlich-technischen und der Patentliteratur anwenden und auf dem bereits Bekannten (dem "Stand der Technik") aufbauend neue Erkenntnisse veröffentlichen. An den durch die IPC bereits vorgegliederten Patentschriften ließe sich beispielsweise hervorragend untersuchen, inwieweit festgestellte sprachliche Phänomene tatsächlich bestimmten Fachgebieten zugeordnet werden können. Auch für Arbeiten im terminologischen Bereich sehen wir hier einen geeigneten Ansatzpunkt.

Andere in der Einleitung genannte Vorzüge des Patentschriftenkorpus haben sich aber in mancher Hinsicht auch als Nachteile erwiesen: Übersetzungen, bei denen besonders auf hohe Übereinstimmung mit dem Original Wert gelegt wird, zeichnen sich dadurch aus, daß syntaktische Strukturen, wo immer möglich, unverändert in die Zielsprache übernommen werden.[2] Für einen allgemein syntaktisch ausgerichteten Übersetzungsver-

---

1 Vgl. z.B. BECKER (1990).

2 Ein ähnlich hohes Maß an Übereinstimmung weisen z.B. auch die englischen und französischen Veröffentlichungen aus dem kanadischen Parlament ("Hansard-Korpus") auf.

gleich sind solche Texte daher nur bedingt geeignet. Daß aber diese Originaltreue im Falle der Patentschriften auch die gegenteilige Wirkung haben kann, konnte in Kap. 3 gezeigt werden, in dem gerade das Festhalten an französischen Strukturen als Quelle mißverständlicher deutscher Konstruktionen identifiziert wurde.

Zahlreiche Aspekte konnten jedoch im Rahmen dieser Arbeit, die sich auf die Untersuchung der Mittel und Anwendungsbereiche nominaler Prädikation unter verschiedenen Gesichtspunkten beschränkte, nicht behandelt, andere nur angedeutet, aber nicht weiterverfolgt werden. Zwei dieser offenen Fragen seien kurz angesprochen: Die erste betrifft die Syntax, die zweite die Textlinguistik. Die Behandlung der Nominalkomposita hat sich weitgehend auf übersetzungstechnische Probleme konzentriert. Im Zusammenhang mit dem Überblick über die Syntax von Nominalphrasen in Kap. 4 stellt sich aber die Frage, inwieweit die den deutschen Nominalkomposita entsprechenden französischen Konstruktionen mit den Regeln der Syntax beschreibbar sind oder ob hierfür - wie für deutsche Komposita[3] - besondere Wortbildungsregeln nötig sind, z.B. um den Status von *de* in *N de N*-Komposita zu beschreiben. Die zweite Frage ergibt sich aus dem in Kap. 5 dargestellten Zusammenhang zwischen der Bevorzugung bestimmter Prädikattypen und dem Vorherrschen bestimmter Relationen im Referenzbereich. Da Patentschriften neben den dominierenden Funktionen des Schutzes und der Dokumentation im Idealfall auch eine gewisse didaktische Qualität besitzen sollten (um die geforderte Nachvollziehbarkeit der Erfindung zu gewährleisten), könnte der Frage nachgegangen werden, inwieweit die an manchen Texten festgestellte Trennung der dynamischen von den statischen Relationen in der Beschreibung zu einer besseren Verständlichkeit des Textes beiträgt. Außerdem wäre zu untersuchen, ob es neben der groben Opposition Statik *vs* Dynamik noch andere oder feinere Oppositionen im außersprachlichen Bereich gibt, die die Wahl bestimmter sprachlicher Mittel in ähnlich deutlicher Weise beeinflussen. Die Erkenntnisse solcher Untersuchungen wären dann auf unterschiedliche Textsorten anzuwenden, etwa um herauszufinden, ob Textstrukturen, die in einer technischen Beschreibung verständnisfördernd wirken können, auch in didaktischer Literatur mit Gewinn einsetzbar sind.

---

3 Auch in der germanistischen Linguistik ist die Frage, ob Wörter nach besonderen Regeln oder nach den Regeln der Syntax gebildet werden, umstritten.

7. Anhang: Publikationsnummern und Titel der Patentschriften

Im Text	Publikationsnummern	deutscher Titel
P01	DE 2327042 = FR 7415546	Stufenwicklung für Transformatoren und Drosseln
P02	DE 3130938 = FR 8213713	Vorrichtung zum Einbringen eines Gefrierschutzmittels
P03	DE 2615805 = FR 7710535	Bremsgerät mit hydraulischer Übersetzung
P04	DE 3808382 = FR 8900610	Verfahren und Vorrichtung zur Überwachung eines Sicherheitsabstellers bei Brennkraftmaschinen
P05	DE 2613653 = FR 7710148	Bremssystem
P06	DE 3519971 = FR 8604690	Verfahren und Vorrichtung zur Beschleunigungsanreicherung bei einer elektrisch gesteuerten Kraftstoffzufuhreinrichtung, insbesondere Kraftstoffeinspritzanlage, für Brennkraftmaschinen
P07	DE 3225085 = FR 8310981	Verfahren zum Steuern der Brennstoffzumessung für eine Brennkraftmaschine
P08	DE 3122747 = FR 8210053	Elektromagnet-Ventil
P09	DE 3207618 = FR 8213632	Zweikreis-Bremsventil
P10	DE 3722263 = FR 8807156	Kraftstoffeinspritzanlage für Brennkraftmaschinen
P11	DE 2658493 = FR 7736597	Elektrode für Bleiakkumulatoren und derartige Elektroden enthaltender Bleiakkumulator
P12	DE 2615779 = FR 7710796	Verfahren zur Herstellung von Metallsinterkörpern, insbesondere Batterieelektroden

Im Text	Publikationsnummern	deutscher Titel
P13	FR 8610235 = DE 3721620	Ski-Schuh
P14	FR 8617104 = DE 3736931	Ski-Schuh
P15	FR 8617517 = DE 3740147	Führungs- und Halteeinrichtung für ein System zum Spannen und/oder Schließen zweier zueinander beweglicher Schuhteile
P16	FR 8618302 = DE 3741601	Vorrichtung zum Verkeilen der Ferse des Fußes eines Trägers in einem Skistiefel
P17	FR 8715789 = DE 3830274	Innenschuh eines Skischuhs
P18	FR 8712790 = DE 3830768	Schuh für alpines Skifahren
P19	FR 8713694 = DE 3831930	Sohle eines Skischuhs
P20	FR 8714153 = DE 3834037	Festspann- und Verschließvorrichtung für Skischuh mit Hintereinstieg
P21	FR 8714154 = DE 3834057	Alpiner Skischuh
P22	FR 8715578 = DE 3838039	Ski-Schuh
P23	FR 8715804 = DE 3836477	Innenschuh für Skischuh

8. Literatur

Abney, Steve (1987): *The English Noun Phrase in Its Sentential Aspect.* - Ph-Diss. Cambridge Mass.: MIT.

Agricola, Erhard (1979): *Textstruktur, Textanalyse, Informationskern.* - Leipzig: Verlag Enzyklopädie VEB.

Bally, Charles (1965[4]): *Linguistique générale et linguistique française.* - Bern: Francke.

Barb, Wolfgang (1982): "Praktische Problematik der deutsch-englischen Patentübersetzung und rechtliche Folgen von Übersetzungsfehlern". - In: *Mitteilungen der deutschen Patentanwälte* 73, 108-112.

Baron, Irène (1992): "Les syntagmes nominaux complexes dans les textes juridiques français". - In: *Hermes, Journal of Linguistics* 9, 19-42.

Bartning, Inge (1986): "Aspects des syntagmes binominaux en DE en français". - In: *Travaux de linguistique et de littérature* 24, 347-371.

Becker, Thomas u.a (eds.) (1990): *Sprache und Technik. Gestalten verständlicher technischer Texte.* - Aachen: Alano Verlag.

Beneš, Eduard (1973): "Die sprachliche Kondensation im heutigen deutschen Fachstil". - In: *Linguistische Studien III. Festgabe für Paul Grebe (zum 65. Geburtstag)*, 40-50.

Bergmann, Rolf (1980): "Verregnete Feriengefahr und Deutsche Sprachwissenschaft". - In: *Sprachwissenschaft* 5, 234-265.

Bhatt, Christa (1989): "Parallels in the Syntactic Realization of the Arguments of Verbs and their Nominalizations". - In: Bhatt, Christa u.a (eds.): *Syntactic Phrase Structure Phenomena in Noun Phrases and Sentences* (Amsterdam Philadelphia: Benjamins) (= Linguistik aktuell 6) 17-37.

Blumenthal, Peter (1983): "Syntax und fachsprachliche Syntax im deutsch-französischen Sprachvergleich". - In: *Zeitschrift für französische Sprache und Literatur* 93, 44-69.

Blumenthal, Peter (1990): "Textorganisation im Französischen. Vom Mittelalter zur Klassik". - In: *Zeitschrift für französische Sprache und Literatur* 100, 25-60.

Blumenthal, Peter (1992): "Fehlerhafter Präpositionengebrauch in der französischen Fremdsprache". - In: Barrera-Vidal, Albert u.a (eds.): *Grammatica vivat. Konzepte, Beschreibungen und Analysen zum Thema «Fremdsprachengrammatik». In memoriam Hartmut Kleineidam* (Tübingen: Narr) 113-135.

Blumenthal, Peter; Rovere, Giovanni (1992): "Valenz, Polysemie und Übersetzung. Eine Fallstudie". - In: *Romanische Forschungen* 104, 1-26.

Boase-Beier, Jean; Toman, Jindrich (1987): "On Th-Role Assignment in German Compounds". - In: Asbach-Schnitker, Brigitte; Roggenhofer, Johannes (eds.): *Neuere Forschungen zur Wortbildung und Historiographie der Linguistik. Festgabe für Herbert E. Brekle zum 50. Geburtstag* (Tübingen: Narr) 41-57.

Bossong, Georg (1981): "Die Wiedergabe deutscher Nominalkomposita im Französischen". - In: *Zeitschrift für französische Sprache und Literatur* 91, 213-230.

Bresnan, Joan (1978): "A realistic transformational grammar". - In: Halle, M. u.a (eds.): *Linguistic Theory and Psychological Reality* (Cambridge Mass.: MIT Press).

Bresnan, Joan; Kaplan, Ronald (1982): "Lexical Functional Grammar: A Formal System for Grammatical Representation". - In: Bresnan, Joan (ed.): *The Mental Representation of Grammatical Relations* (Cambridge Mass.: MIT) 173-281.

Bresson, Daniel (1988a): "Classification des verbes supports (Funktionsverben) de l'allemand". - In: *Cahiers d'Études Germaniques* n° 15, 54-65.

Bresson, Daniel (1988b): "Der nominale Teil in den Funktionsverbgefügen". - In: *Cahiers d'Études Germaniques* n° 14, 111-122.

Bresson, Daniel (1989): "La distribution du sens dans les locutions à verbe support". - In: *Travaux* 7, 57-72.

Bresson, Daniel (1991): "Zur Analyse nominaler relationaler Komposita im Deutschen im Hinblick auf die maschinelle Sprachverarbeitung". - In: *Cahiers d'Études Germaniques* n° 21, 179-188.

Brevets d'invention. Journal Officiel de la République Française, n° 1358-I. - Paris, 1987.

Busse, Winfried; Dubost, Jean-Pierre (1983²): *Französisches Verblexikon. Die Konstruktion der Verben im Französischen.* - Stuttgart: Klett.

Carlsson, Lennart (1966): *Le degré de cohésion des groupes "subst.+de+subst." en français contemporain. Étudié d'après la place accordée à l'adjectif épithète.* - Uppsala: Almqvist & Wiksells (= Acta Universitatis Upsaliensis; Studia Romanica Upsaliensia 3).

Chomsky, Noam (1970): "Remarks on Nominalization". - In: Jacobs, R.; Rosenbaum, P (eds.): *Readings in English Transformational Grammar* (Waltham Mass.: Ginn&Co.).

Chomsky, Noam (1981): *Lectures on Government and Binding.* - Dordrecht: Foris (= Studies in generative grammar 9).

Chomsky, Noam (1986a): *Barriers.* - Cambridge Mass.: MIT (= Linguistic Inquiry Monographs 13).

Chomsky, Noam (1986b): *Knowledge of language. Its nature, origin, and use.* - New York: Praeger.

Czekay, Hans-Friedrich (1986): *Der Schutzbereich des Patents nach deutschem und französischem Recht.* - München: Florentz (= Rechtswissenschaftliche Forschung und Entwicklung 80).

Daneš, Frantisek (ed.) (1974): *Papers on Functional Sentence Perspective.* - Prag: Academia (= Ianua linguarum Series minor 147).

Danlos, Laurence (1980): *Représentation d'informations linguistiques. Constructions "N être Prép X".* - Diss. Paris: L.A.D.L..

Danlos, Laurence (1988): "Les phrases à verbes support «être» Prép.". - In: *Langages* n° 90, 23-39.

Darmesteter, Arsène (1875; 1894²): *Traité de la formation des mots composés dans la langue française comparée aux autres langues romanes et au latin.* - Paris: Franck.

De Beaugrande, Robert; Dressler, Wolfgang (1981): *Einführung in die Textlinguistik.* - Tübingen: Niemeyer.

De Cort, Josef (1981): "Nominale Komposita aus drei oder mehr Konstituenten. Bemerkungen zu der Komposition in der wissenschaftlichen Fachsprache der Wirtschaft". - In: *Fachsprache* 3, 18-31.

Dederding, Hans-Martin (1982a): *Wortbildung, Syntax, Text. Nominalkomposita und entsprechende syntaktische Strukturen in deutschen Patent- und Auslegeschriften.* - Erlangen: Palm und Enke (= Erlanger Studien 34).

Dederding, Hans-Martin (1982b): "Verschiedene Bezeichnungen für einen technischen Gegenstand". - In: *Mitteilungen der deutschen Patentanwälte* 73, 164-168.

Desbois, Marcel; Marié, Lucien; Martin, Jean-Pierre (1984): *La technique de la réparation automobile.* Tome 1: Le moteur - Paris: Foucher.

Di Sciullo, Anna-Maria; Williams, Edwin (1987): *On the definition of word.* - Cambridge Mass.: MIT (= Linguistic Inquiry Monographs 14).

Engelen, Bernhard (1968): "Zum System der Funktionsverbgefüge". - In: *Wirkendes Wort* 18, 289-315.

Fabricius-Hansen, Cathrine (1990): *Nominalphrasen mit Kompositum als Kern.* - Universität Oslo: unveröffentl. Manuskript.

Fanselow, Gisbert (1981a): *Zur Syntax und Semantik der Nominalkomposition. Ein Versuch praktischer Anwendung der Montague-Grammatik auf die Wortbildung im Deutschen.* - Tübingen: Niemeyer.

Fanselow, Gisbert (1981b): "Neues von der Kompositafront oder Zu drei Paradigmata in der Kompositagrammatik". - In: *Studium Linguistik* 11, 43-75.

Fanselow, Gisbert (1985): "What is a possible complex word?". - In: Toman, Jindrich (ed.): *Studies in German Grammar* (Dordrecht: Foris) (= Studies in generative grammar 21).

Fillmore, Charles (1968): "The Case for Case". - In: Bach, Emmon; Harms, Robert T (eds.): *Universals in Linguistic Theory* (New York: Holt Linehart Winston) 1-90.

Fleischer, Wolfgang (1982⁵): *Wortbildung der deutschen Gegenwartssprache.* - Tübingen: Niemeyer.

Fleischer, Wolfgang; Barz, Irmhild (1992): *Wortbildung der deutschen Gegenwartssprache.* - Tübingen: Niemeyer.

Freytag, Sigrid (1990): *Die syntaktische Struktur komplexer deverbaler Nominalisierungen im Deutschen.* - Diss. Jena.

Gachod, Rachel (1992): *Valence du substantif prédicatif, nominalisation et verbe support «donner»*. - Stuttgart (= unveröffentl. Seminararbeit).

Gauger, Hans-Martin (1971): *Durchsichtige Wörter. Zur Theorie der Wortbildung*. - Heidelberg.

Giry-Schneider, Jacqueline (1978): *Les nominalisations en français. L'opérateur "faire" dans le lexique*. - Genf: Droz (= langue et cultures 9).

Giry-Schneider, Jacqueline (1987): *Les prédicats nominaux en français. Les phrases simples à verbe support*. - Genf: Droz (= langue et cultures 18).

Godard, Danièle (1986): "Les déterminants possessifs et les compléments de nom". - In: *Langue française* 72, 102-122.

Grimshaw, Jane (1988): *Adjuncts and argument structure*. - Cambridge Mass.: MIT (= Lexicon Project Working Paper 21, Occasional Paper 36).

Grimshaw, Jane (1990): *Argument Structure*. - Cambridge Mass.: MIT (= Linguistic Inquiry Monographs 18).

Gross, Gaston (1989): *Les constructions converses du français*. - Genf: Droz.

Gross, Gaston (1990): "Définition des noms composés dans un lexique grammaire". - In: *Langue française* 87, 84-90.

Gross, Gaston (1991): "Syntaxe du complément de nom". - In: *Linguisticae Investigationes* 15, 255-284.

Gross, Gaston (1992): "Forme d'un dictionnaire électronique". - In: *Colloque du Mans: traduction automatique, April 1991*.

Gross, Gaston; Vivès, Robert (eds.) (1986): *Syntaxe des noms*. - Paris: Larousse (= Langue française n° 69).

Gross, Gaston; Vivès, Robert (1986): "Les constructions nominales et l'élaboration d'un lexique-grammaire". - In: *Langue française* 69, 5-27.

Gross, Maurice (1981a): "Une classification des phrases «figées» du français". - In: *Linguisticae Investigationes* Suppl. 8, 141-180.

Gross, Maurice (1981b): "Les bases empiriques de la notion de prédicat sémantique". - In: *Langages* 63, 7-52.

Grünbeck, Bernhard (1976, 1983): *Moderne deutsch-französische Stilistik auf der Basis des Übersetzungsvergleichs*. 2 Bde. - Heidelberg.

Haegeman, Liliane (1991): *Introduction to Government and Binding Theory*. - Oxford: Blackwell.

Haider, Hubert (1985): "The Case of German". - In: Toman, Jindrich (ed.): *Studies in German Grammar* (Dordrecht: Foris) 65-101.

Haider, Hubert (1988): "Die Struktur der deutschen NP". - In: *Zeitschrift für Sprachwissenschaft* 7, 32-59.

Haider, Hubert (1991): "Die Struktur der Nominalphrase - Lexikalische und funktionale Strukturen". - In: *Jahrbuch des Instituts für deutsche Sprache*, 304-333.

Haider, Hubert (1992): *Strukturelle Verzweigung und A-Projektion*. - Stuttgart (= Vortrag im Graduiertenkolleg Linguistische Grundlagen der Sprachverarbeitung am 16.1.1992).

Halliday, Michael; Hasan, Ruquaiya (1976): *Cohesion in English*. - London: Longman (= English Language Series 9).

Harweg, Roland (1968): *Pronomina und Textkonstitution*. - München: Fink (= Poetica, Beihefte 2).

Harweg, Roland (1983): "Textkonstitution im Bürgerlichen Gesetzbuch". - In: *Fachsprache* 5, 145-161.

Helbig, Gerhard (1984): "Probleme der Beschreibung von Funktionsverbgefügen im Deutschen". - In: *Linguistische Studien II*, 163-188.

Helbig, Gerhard (1986): "Zu umstrittenen Fragen der substantivischen Valenz". - In: *Deutsch als Fremdsprache* 23, 200-207.

Heringer, Hans Jürgen (1968): *Die Opposition von "kommen" und "bringen" als Funktionsverben*. - Düsseldorf: Schwann.

Heringer, Hans Jürgen (1988): *Lesen lehren lernen. Eine rezeptive Grammatik des Deutschen*. - Tübingen: Niemeyer.

Herrlitz, Wolfgang (1973): *Funktionsverben vom Typ "in Erfahrung bringen"*. - Tübingen: Niemeyer.

Hoffmann, Lothar (1987): "Ein textlinguistischer Ansatz in der Fachsprachenforschung". - In: Sprissler, Manfred (ed.): *Standpunkte der Fachsprachenforschung* (Tübingen: Narr) 91-105.

Hoffmann, Lothar (1988): *Vom Fachwort zum Fachtext. Beiträge zur Angewandten Linguistik*. - Tübingen: Narr.

Hoffmann, Lothar (ed.) (1975): *Fachsprachen und Sprachstatistik. Beiträge zur angewandten Sprachwissenschaft*. - Berlin: Akademie-Verlag.

Ischreyt, Heinz (1965): *Studien zum Verhältnis von Sprache und Technik*. - Düsseldorf: Schwann.

Jackendoff, Ray (1977): *X-bar Syntax: A Study of Phrase Structure*. - Cambridge Mass.: MIT (= Linguistic Inquiry Monographs 2).

Jacobs, Joachim (1991): *Bewegung als Valenztransfer*. - Wuppertal: erscheint als Arbeitspapier des SFB "Theorie des Lexikons".

Jäger, Ernst Michael (1985): *Die verbal-nominale Periphrase des Modernfranzösischen im Vergleich zum einnfachen Verb*. - Diss. Zürich.

Jastrab, Marie-José (1987): "Les syntagmes nominaux complexes en anglais et en français: éléments de réflexion". - In: *Meta* 32, 260-266.

Jumpelt, Rudolf (1961): *Die Übersetzung naturwissenschaftlicher und technischer Literatur*. - Berlin: Langenscheidt.

Kaehlbrandt, Roland (1989): *Syntaktische Entwicklungen in der Fachsprache der französischen Wirtschaftswissenschaften*. - Stuttgart: Steiner (= Zeitschrift für französische Sprache und Literatur, Beiheft 16).

Kalverkämper, Hartwig (1983): "Textuelle Fachsprachen-Linguistik als Aufgabe". - In: *Zeitschrift für Literaturwissenschaft und Linguistik* 13, 124-166.

Kalverkämper, Hartwig (ed.) (1988): *Fachsprachen in der Romania*. - Tübingen: Narr.

Kern, Wolfgang (1983): "Fremdsprachige europäische Patente mit deutschem Anteil". - In: *Mitteilungen der deutschen Patentanwälte* 10, 187.

Kocourek, Rostislav (1991²): *La langue française de la technique et de la science. Vers une linguistique de la langue savante*. - Wiesbaden: Brandstetter.

Kotschi, Thomas (1979): "Wertigkeitsbestimmungen und vierwertige Verben im Französischen". - In: Bergerfurth, Wolfgang; Diekmann, Erwin; Winkelmann, Otto (eds.): *Festschrift für Rupprecht Rohr zum 60. Geburtstag* (Heidelberg: Groos) 271-292.

Kürschner, Wilfried (1974): *Zur syntaktischen Beschreibung deutscher Nominalkomposita. Auf der Grundlage generativer Transformationsgrammatiken*. - Tübingen: Niemeyer.

Lawson, Veronica (1983): "The Language of Patents. A Typology of Patents, with Particular Reference to Machine Translation". - In: *Lebende Sprachen* 2, 58-61.

Le Petit Robert 1. Dictionnaire alphabétique et analogique de la langue française, rédaction dirigée par Alain Rey et Josette Rey-Debove, nouvelle édition revue, corrigée et mise à jour pour 1990. - Paris: Dictionnaires Le Robert, 1989.

Leclère, Christian; Subirats-Rüggeberg, Carlos (1991): "A Bibliography of Studies on Lexicon-grammar". - In: *Linguisticae Investigationes* 15, 347-409.

Lees, Robert B (1960): *The Grammar of English nominalizations*. - The Hague: Mouton.

Lewandowski, Theodor (1990⁵): *Linguistisches Wörterbuch*. 3 Bände - Heidelberg, Wiesbaden (= UTB 1518).

Lewinsky, Dietrich (1987): "Application pratique de la nouvelle loi allemande sur les brevets". - In: *Deutscher und europäischer Patent- und Markenschutz*, 21-35.

Lieber, Rochelle (1983): "Argument Linking and Compounds in English". - In: *Linguistic Inquiry* 14, 251-285.

Littmann, Günther (1981): *Fachsprachliche Syntax. Zur Theorie und Praxis syntaxbezogener Sprachvariantenforschung*. - Hamburg: Buske.

Löbel, Elisabeth (1990): "D und Q als funktionale Kategorien in der Nominalphrase". - In: *Linguistische Berichte* 127, 232-264.

Lüdtke, Jens (1978): *Prädikative Nominalisierungen mit Suffixen im Französischen, Katalanischen und Spanischen*. - Tübingen: Niemeyer (= Beihefte zur Zeitschrift für romanische Philologie 166).

Lundquist, Lita (1989): "Coherence in Scientific Texts". - In: Heydrich, Wolfgang u.a (eds.): *Connexity and Coherence. Analysis of Text and Discourse* (Berlin, New York: de Gruyter) 129-149.

Malblanc, Alfred (1968⁴): *Stylistique comparée du français et de l'allemand*. - Paris: Didier.

Merkblatt für Patentanmelder. - München: Deutsches Patentamt, 1990.

Meyer, Ralf (1992): *Compound Comprehension in Isolation and in Context. The Contribution of Discourse Knowledge to the Comprehension of German Novel Noun-Noun Compounds*. - Diss. Osnabrück.

Milner, Jean-Claude (1982): *Ordres et raisons de langue*. - Paris: Seuil.

Möslein, Kurt (1968): *Der Nebensatz und sein nominales Äquivalent in der wissenschaftlich-technischen Literatur des 19. und 20. Jahrhunderts*. - Diss. Leipzig.

Motsch, Wolfgang (1970): "Analyse von Komposita mit zwei Komponenten". - In: Bierwisch, M.; Heidolph, K.E (eds.): *Progress in Linguistics* (The Hague: Mouton) 208-223.

Noack, Claus (1990): "Verständliches Gestalten technischer Fachtexte". - In: Becker, Thomas u.a (eds.): *Sprache und Technik. Gestalten verständlicher technischer Texte* (Aachen: Alano Verlag) 195-229.

Noailly, Michèle (1990): *Le substantif épithète*. - Paris: PUF.

Nöth, Heinrich (ed.) (1976, 1982): *Das Europapatent*. - München: Liedl.

Olsen, Susan (1986): *Wortbildung im Deutschen. Eine Einführung in die Theorie der Wortstruktur*. - Stuttgart: Kröner.

Olsen, Susan (1989a): "AGR(eement) in the German Noun Phrase". - In: Bhatt, Christa u.a (eds.): *Syntactic Phrase Structure Phenomena in Noun Phrases and Sentences* (Amsterdam Philadelphia: Benjamins) (= Linguistik Aktuell 6) 39-49.

Olsen, Susan (1989b): "Zur Stellung der Wortbildung in der Grammatik: drei Theorien der Affigierung". - In: *Papiere zur Linguistik* 40, 3-22.

Olsen, Susan (1991): "Die deutsche Nominalphrase als «Determinansphrase»". - In: Olsen, Susan; Fanselow, Gisbert (eds.): *DET, COMP und INFL. Zur Syntax funktionaler Kategorien und grammatischer Funktionen* (Tübingen: Niemeyer) 35-56.

Ortner, Lorelies u.a (1991): *Deutsche Wortbildung. Typen und Tendenzen in der Gegenwartssprache. 4. Hauptteil: Substantivkomposita*. - Berlin, New York: de Gruyter (= Sprache der Gegenwart 79).

PatAnmV = *Verordnung über die Anmeldung von Patenten (Patentanmeldeverordnung)*, zuletzt geändert durch die Verordnung vom 4. Mai 1990. - München: Deutsches Patentamt, 1990.

PatG = Benkard, Georg (ed.) (1988⁸): *Patentgesetz, Gebrauchsmustergesetz*. - München: Beck.

Persson, Ingmar (1975): *Das System der kausativen Funktionsverbgefüge. Eine semantisch-syntaktische Analyse einiger verwandter Konstruktionen*. - Lund: CWK Gleerup (= Lunder germanische Forschungen 42).

Polenz, Peter von (1963): *Funktionsverben im heutigen Deutsch. Sprache in der rationalisierten Welt*. - Düsseldorf: Schwann (= Wirkendes Wort, Beiheft 5).

Pollock, Jean-Yves (1989): "Verb-Movement, Universal Grammar, and the Structure of IP". - In: *Linguistic Inquiry* 20, 365-424.

Popadič, H (1971): *Untersuchungen zur Frage der Nominalisierung des Verbalausdrucks im heutigen Zeitungsdeutsch*. - Mannheim, Tübingen: Narr (= IdS Forschungsberichte 9).

Quemada, Gabrielle (ed.) (1983): *Dictionnaire des termes nouveaux des sciences et des techniques*. - Paris: CILF.

Qvistgaard, Jacques (1976): "Tendances actuelles de la terminologie technique en français". - In: *Revue romane* 11, 138-158.

Raible, Hans (1987): "Europa-Übersetzungen - ein Geschäft mit enormem Risiko". - In: *Mitteilungen der deutschen Patentanwälte* 78, 225-233.

Raible, Wolfgang (1972): *Satz und Text. Untersuchungen zu vier romanischen Sprachen*. - Tübingen: Niemeyer.

Reichel, Hans-Rolf (1989): *Gebrauchsmuster- und Patentrecht praxisnah*. - Ehningen: expert.

Ritzke, Johannes (1986): *Die französische Präpositionalphrase und ihre automatische Analyse*. - Dudweiler: AQ-Verlag.

Rohrer, Christian (1977²): *Die Wortzusammensetzung im modernen Französisch*. - Tübingen: Narr.

Rolshoven, Jürgen (1989): "Algorithmen und Datenstrukturen in einem Parser für fachsprachliche romanische Nominalphrasen". - In: Dahmen, Wolfgang u.a (eds.): *Technische Sprache und Technolekte in der Romania. Romanistisches Kolloquium II* (Tübingen: Narr) 348-362.

Rupprecht, Kay (1990): "Plädoyer für die «Zusammenfassung»". - In: *Mitteilungen der deutschen Patentanwälte* 81, 75-77.

Sandberg, Bengt (1982): "Zur Valenz der Substantive". - In: *Deutsch als Fremdsprache* 19, 272-279.

Sandberg, Bengt (1984): "Der Bezug des Adjektivattributes". - In: *Beiträge zur Geschichte der deutschen Sprache und Literatur* 106, 159-183.

Schamlu, Mariam (1985): *Patentschriften - Patentwesen. Eine argumentationstheoretische Analyse der Textsorte Patentschrift am Beispiel der Patentschriften zu Lehrmitteln*. - München: Iudicium Verlag.

Schmidt, Johanna (1972): *L'invention protégée selon la loi du 2 janvier 1968*. - Paris.

Schmidt, Jürgen Erich (1991): "Konvergenzen zwischen neueren Grammatiktheorien und Deskriptionsgrammatiken? Zum Verhältnis von Konstituenz, Rektion (Government), Valenz und Dependenz". - In: Feldbusch, Elisabeth u.a (eds.): *Neue Fragen der Linguistik. Akten des 25. Linguistischen Kolloquiums, Paderborn 1990*. Band 1: Bestand und Entwicklung (Tübingen: Niemeyer) 211-218.

Schonebohm, Manfred (1979): *Wortbildung, Text und Pragmatik. Am Beispiel der Teil-von-Relationen im Bereich der deutschen Nominalkomposition*. - Diss. Lund: CWK Gleerup.

Schulte, Rainer (1987^4): *Patentgesetz. Kommentar auf der Grundlage der deutschen und europäischen Rechtsprechung*. - Köln etc.: Heymann.

Seelbach, Dieter (1991): "Nominale Mehrwortausdrücke und prädikative Nomina im Französischen". - In: Rolshoven, Jürgen; Seelbach, Dieter (eds.): *Romanistische Computerlinguistik. Theorien und Implementationen* (Tübingen: Niemeyer) (= Linguistische Arbeiten 266) 159-180.

Selkirk, Elisabeth (1982): *The Syntax of Words*. - Cambridge Mass.: MIT (= Linguistic Inquiry Monographs 7).

Silberztein, Max (1990): "Le dictionnaire électronique des mots composés". - In: *Langue française* 87, 71-83.

Sommerfeldt, Karl-Ernst; Schreiber, Herbert (1983^3): *Wörterbuch zur Valenz und Distribution der Substantive*. - Tübingen: Niemeyer.

Stage, Lilian (1986): "Franske substantivers valens". - In: Davidsen-Nielsen, Niels; Sørensen, Finn (eds.): *Festskrift til Jens Rasmussen* (Copenhagen: Nyt Nordisk Forlag) (= CEBAL n° 8) 204-229.

Szendy, György L (1974): *Wörterbuch des Patentwesens in fünf Sprachen. Deutsch, Englisch, Französisch, Spanisch, Russisch*. - Düsseldorf: VDI-Verlag.

ten Cate, Bram (1991): "Funktionsverben als Hilfsverben der Aktionsart?". - In: Feldbusch, Elisabeth u.a (eds.): *Neue Fragen der Linguistik. Akten des 25. Linguistischen Kolloquiums, Paderborn 1990*. Band 1: Bestand und Entwicklung (Tübingen: Niemeyer) 135-142.

Teubert, Wolfgang (1979): *Valenz des Substantivs. Attributive Ergänzungen und Angaben*. - Düsseldorf: Schwann.

Thiele, Johannes (1981): *Wortbildung der französischen Gegenwartssprache*. - Leipzig: VEB Verlag Enzyklopädie.

Trimble, Louis (1985): *English for Science and Technology*. - Cambridge: University Press.

Vigner, Gérard (1980): *Didactique fonctionnelle du français*. - Paris: Hachette.

Vigner, Gérard; Martin, Alix (1976): *Le français technique*. - Paris.

Wahrig, Gerhard (ed.) (1980^3): *Wörterbuch der deutschen Sprache*. - München: dtv.

Wandruszka, Ulrich (1972): *Französische Nominalsyntagmen. Relationsadjektivkonstruktion, Subst.+Subst.-Komposition. Präpositionalsyntagma*. - München: Fink.

Wandruszka, Ulrich (1976): *Probleme der neufranzösischen Wortbildung*. - Tübingen: Niemeyer (= Romanistische Arbeitshefte 16).

Werner, Ulrich (1977): "Dürfen die Patentansprüche in der Beschreibung wiederholt werden?". - In: *Mitteilungen der deutschen Patentanwälte* 68, 185-188.

Williams, Edwin (1981): "On the Notions «Lexically Related» and «Head of a Word»". - In: *Linguistic Inquiry* 12, 245-274.

Wolf, Barbara (1990): *Nominalkompositionen im Deutschen und Französischen. Eine Untersuchung der französischen Entsprechungen zu deutschen Nominalkomposita aus verschiedenen fachsprachlichen Sachbereichen.* - Münster: Kleinheinrich (= Münstersche Beiträge zur Romanischen Philologie 5).

Wolff, Michael (1977): "Zitat der Patentansprüche in der Beschreibung?". - In: *Mitteilungen der deutschen Patentanwälte* 68, 231-232.

Wolff, Michael (1980): "Die Patent-Beschreibungseinleitung". - In: *Mitteilungen der deutschen Patentanwälte* 71, 84-86.

Wunderlich, Dieter (1986): "Probleme der Wortstruktur". - In: *Zeitschrift für Sprachwissenschaft* 5, 209-252.

Wüster, Eugen (1991³): *Einführung in die Allgemeine Terminologielehre und Terminologische Lexikographie.* - Bonn: Romanistischer Verlag.

Zhu, Jianhua (1987): *Morphologie, Semantik und Funktion fachsprachlicher Komposita. Analyse von Fachtexten der Silikattechnik.* - Heidelberg: Groos.

Zhu, Jianhua (1990): "Fachsprachliche Komposita in pragmatischer und textueller Sicht". - In: Rickheit, Gert; Wichter, Sigurd (eds.): *Dialog. Festschrift für Siegfried Grosse* (Tübingen: Niemeyer) 221-232.

Zimmermann, Ilse (1991): "The «subject» in noun phrases". - In: Zimmermann, Ilse (ed.): *Syntax und Semantik der Substantivgruppe* (Berlin: Akademie Verlag) (= studia grammatica 33) 33-68.

Kolibri 360 GmbH
Ferdinand-Jühlke-Straße 7
99095 Erfurt, Deutschland
produktsicherheit@kolibri360.de